人类活动影响下长江口启东嘴潮滩沉积特征及物质来源变化

张云峰 著

国家自然科学基金项目（41501003，41371024）

江苏省高校哲学社会科学研究项目（2013SJD790028）

江苏省高校自然科学研究面上项目（14KJD170005）　　联合资助

江苏省自然科学基金青年项目（BK20160446）

U0297703

科 学 出 版 社

北 京

内 容 简 介

长江口启东嘴潮滩地处江海交汇处，河海交互作用强烈，潮滩沉积对环境变化高度敏感，人类活动对潮滩环境影响越来越强烈。对采集的沉积物进行了粒度、微量元素、稀土元素、黏土矿物、^{137}Cs 比活度等实验测试，同时对沉积动力环境变化和人类围垦活动进行了翔实的野外调查。根据沉积物粒度特征及其记录的环境信息，综合对比了围垦耕种和堤坝建设等人类活动前后的盐沼潮滩地貌变化，从粒度特征和沉积速率两个方面分析了潮滩沉积对人类活动的响应。利用地球化学元素和黏土矿物等环境指标进行了物源示踪分析，在对沉积动力变化进行阶段性划分的基础上，进一步应用地球化学参数的沉积物端元定量判识方法，对不同物质来源贡献率进行了定量分析，获得了关于长江口北支水动力和物质来源分三个阶段演变的创新结论。本书可为人类活动影响下的沉积环境变化提供科学依据，可为资源开发与河口海岸管理提供决策参考，具有重要的理论和实践意义。

本书内容丰富，资料翔实，面向教学、科研和管理部门。适合高等院校的地理科学、海洋科学、环境科学等相关专业的教师和学生阅读使用，也可供自然地理、海洋地质、海洋沉积、海岸地貌、泥沙输运、地球化学等相关领域的研究人员参考，以及从事海域使用和环境管理等相关工作的管理人员使用和参考。

图书在版编目（CIP）数据

人类活动影响下长江口启东嘴潮滩沉积特征及物质来源变化/张云峰著.
—北京：科学出版社，2017.11
　ISBN 978-7-03-055139-9

Ⅰ.①人… Ⅱ.①张… Ⅲ.①人类活动影响-长江口-潮滩-沉积特征-研究-启东②人类活动影响-长江口-潮滩-物质-来源-研究-启东　Ⅳ.①P737.12

中国版本图书馆 CIP 数据核字（2017）第 268802 号

责任编辑：刘浩旻　韩　鹏/责任校对：张小霞
责任印制：张　伟/封面设计：铭轩堂

科学出版社 出版
北京东黄城根北街 16 号
邮政编码：100717
http://www.sciencep.com

北京科印技术咨询服务有限公司数码印刷分部印刷
科学出版社发行　各地新华书店经销

*

2017 年 11 月第 一 版　开本：720×1000　1/16
2025 年 2 月第三次印刷　印张：9
字数：182 000

定价：78.00 元
（如有印装质量问题，我社负责调换）

前　　言

  以潮汐作用为主要动力塑造形成的粉砂淤泥质海岸，也称潮滩或潮坪，是重要的海岸类型之一，在国内外分布十分广泛，包括潮上带、潮间带和潮下带三部分。河流入海泥沙是潮滩物质的主要来源，流域高强度的人类开发活动导致河流入海泥沙减少，潮滩物质平衡遭到破坏。潮滩围垦在一定程度上改变了潮滩的高程、水动力环境和沉积泥沙的输运等多种环境因素，进而促进或改变了盐沼植物演替方向和速度，对海岸海洋环境的演变具有重要影响。

  在自然演变和人类围垦的影响下，长江北支的水动力条件发生了显著变化，形成了复杂的沉积特征。位于长江北支口门的启东嘴潮滩，在强烈的人类活动影响下，必然产生不同于自然状态下的沉积特征，不同之处是怎么体现的呢？启东嘴潮滩的冲淤变化与长江北支的泥沙来源息息相关，长江北支的沉积动力发生根本性变化后对物质来源又产生了怎样的影响呢？因此，本书以地处江海之交的长江口启东嘴潮滩为研究对象，试图解答以上这些重要的科学问题，揭示人类活动影响下的潮滩沉积特征和沉积物质的来源。一方面，对认识长江口启东嘴潮滩的海岸动力与沉积环境演变，能够提供科学依据；另一方面，对长江口启东嘴潮滩资源的开发利用，能够提供决策参考，具有重要意义。

  本书是在笔者的博士论文的基础上补充和修改而成，是笔者读博期间在导师张振克教授的引领下，对长江口北支启东嘴潮滩在人类活动影响下的沉积特征和物质来源变化的诸多科学问题的思考和探索的总结。

  全书共分六章。第1章为绪论，该部分是本书的总体框架，介绍了研究背景和研究意义、主要内容和科学创新。第2章为研究进展，包括粉砂淤泥质潮滩研究进展、物源示踪研究进展、人类活动对潮滩环境影响的研究进展。第3章为研究区概况，从地质背景、沉积地貌、动力条件、资源特征和开发利用等方面全方位地介绍了研究区的基本概况。第4章为沉积特征及沉积速率，分析了沉积物的粒度特征、元素地球化学特征和黏土矿物特征，放射性核素 ^{137}Cs 时标与沉积速率。第5章为沉积记录对人类活动的响应，揭示了在围垦耕种、堤坝建设和盐沼植物引种等人类活动的影响下，潮滩表现出不同于自然状态下沉积特征。第6章为沉积物质来源及定量分析，首先利用微量元素、稀土元素、黏土矿物等多种环境指标进行了物源示踪分析；其次，在对沉积水动力变化的历史过程进行阶段划分的基础上，依据地球化学参数的沉积物端元定量判识方法，对物源进行了定量分析，估算了贡献率。

由于作者专业知识和研究水平所限，书中不足之处在所难免，敬请读者和同行专家批评指正，不吝赐教。

张云峰

2017 年 6 月 12 日

目　　录

第1章 绪 论

1.1 研 究 背 景

河口海岸地处地球表层岩石圈、水圈、大气圈和生物圈四大圈层交汇处，是连接流域和海洋的枢纽，海-陆-气-生交互作用强烈，成为陆海相互作用最具特色的区域。海岸沉积系统对环境变化高度敏感，尤其是粉砂质和淤泥质海岸地貌的沉积环境变化更为显著（Hansom, 2001）。全球气候变暖引起的海平面上升，意味着全球性侵蚀基准面的升高，导致海岸侵蚀加剧、海水入侵、沿海低地淹没、风暴潮灾害等，直接影响沿海地区社会经济的持续发展，对人类生存环境安全和生存质量构成严峻挑战（Nicholls and Cazenave, 2010）。海洋沉积物的物质来源丰富，主要有陆源碎屑物质、化学成因或者自生沉积的物质、生物成因沉积的物质、火山成因沉积的物质和宇宙成因的物质等。河口海岸受到入海径流、波浪和潮流、台风与风暴潮等动力条件的共同影响（吴志峰、胡伟平，1999），复杂的沉积物组成和物质来源记录了丰富的陆海相互作用的地质、物理、化学、生物等过程的沉积信息。自20世纪中期以来，沉积物的来源和输运、沉积物的层序特征、海底地貌构造与成因等成为海洋沉积研究的重要内容（高抒、李安春，2000；Morton and Blackmore, 2001）。通过分析海洋沉积物的沉积特征，可以重建沉积环境的变化过程和形成机制。

河流入海泥沙是河流三角洲和河口海岸沉积物质的主要来源，为了评价全球河流入海泥沙的变化趋势，根据世界145条河流的径流量和输沙量的历史统计数据，研究发现，年平均径流量呈现基本稳定、增加和减少趋势的河流分别为69%、8.5%和22.5%；年平均输沙量呈现基本稳定、增加和减少趋势的河流分别为49.3%、2.8%和47.9%（Walling and Fang, 2003）。也就说，年平均输沙量呈下降趋势的河流远远超过年平均径流量呈下降趋势的河流，年径流量表现为下降趋势的河流低于1/4，但是年输沙量表现为下降趋势河流却几乎达到一半。气候变化和人类活动是影响河流入海输沙量减少的主要原因，而人类活动对泥沙的产生和输运的影响越来越占据主导地位，尤其是流域水库的建设对河流径流调节和对泥沙拦蓄的影响十分显著（Walling, 2006）。由于流域开发而修建的水库的拦截，入海泥沙通量减少了1.4×10^8t/a，全球水库拦截的泥沙量高达1000×10^8t以上（Syvitski et al.,

2005）。

　　河流入海泥沙的减少会导致河口三角洲延伸淤长减缓，甚至加剧海岸侵蚀，以及滨海生物栖息地的减少（Syvitski, 2003）。尼罗河三角洲（Nile Delta）最为典型，自 1964 年阿斯旺大坝建设后，尼罗河三角洲附近的海岸线遭受了严重的侵蚀后退，尤其是在罗塞塔河（Rosetta river）和达米塔河（Dameitta river）两大支流河口附近，岸线的侵蚀后退形势更为严峻（Abd-El Monsef et al., 2015；Ghoneim et al., 2015）。其他的世界大河流域，如美洲的密西西比河三角洲（Blum and Roberts, 2009）、我国的黄河三角洲（Kong et al., 2015）等也由于入海径流输沙的减少，三角洲的物质平衡关系遭到严重的破坏，大部分岸线都处于侵蚀后退状态，海岸线的变化直接影响着水动力。较小的河流流域同样也面临着入海输沙减少，海岸侵蚀及岸线变化的问题，如爱琴海西北部的河流（Kapsimalis et al., 2005），包括阿克西奥斯河（Axios River）、阿克蒙河（Aliakmon River）、加利科斯河（Gallikos River）和罗迪亚斯河（Loudias Rivers）。在地中海西西里岛的西蒙托河（Simeto River），河口区卡塔尼亚海湾的岸线冲淤变化已受到人类活动的强烈影响（Stefano et al., 2013）。

　　我国入海河流和世界上许多河流一样，也都面临着入海输沙下降的问题，从 20 世纪 60 年代开始呈显著的下降趋势，北方河流较南方河流入海泥沙的下降幅度更大（李晶莹、张经，2003；戴仕宝等，2007；刘成等，2007）。河流入海泥沙降低的主要原因不是流域气候和降水量的变化，而是人类活动。人类活动已对我国河流的入海泥沙产生了决定性影响，其中水库建设是造成河流入海泥沙急剧下降的最主要原因。长江是我国第一大河，每年携带约 4.78×10^8 t 的泥沙在河口区沉积，塑造了众多的沙岛、沙洲和潮滩，是典型分汊型河口，呈现三级分汊、四口入海的格局（沈焕庭等，1997；Wan et al., 2014）。在自然因素和人类活动的共同影响下，长江入海泥沙自 20 世纪 60 年代后期开始出现持续下降趋势（杨世伦、李明，2009），随着经济高速发展，长江流域的人类活动日益强烈，特别是水库和拦河堤坝的大规模建设，拦截了大量入海泥沙，尤其是三峡大坝的建设加剧了长江入海泥沙的减少，大部分上游来沙拦截在水库中（张珍，2011；Dai and Liu, 2013）。对长江河口地区的滩涂淤涨造成了影响巨大，滩涂淤涨的速度减慢，局部沿海围垦区外的水下岸坡侵蚀迹象日益突出（Yang et al., 2005；杨世伦、李明，2009）。自 2000 年以来，长江口的崇明东滩和九段沙，以及杭州湾北岸的局部岸段存在侵蚀加快的现象，这与三峡大坝的修建使得入海水沙减少有着直接关系（Yang et al., 2003；李从先等，2004；李明等，2006；Dai et al., 2011a；Yanget et al., 2011；Dai and Liu, 2013）。总之，三峡水库蓄水加剧了长江入海泥沙的减少，入海泥沙减少是长江三角洲从淤积转为侵蚀的主要原因，近几年入海泥沙减少和河口地区出现的冲刷有一半左右可归因于三峡工程的建设；河口滩地的逆势淤积可归因于近年来河口地区一系列工程活动影响的结果（杜景龙等，2012）。

世界范围内，沿海国家一般都是采取围垦潮滩的途径来解决土地资源不足的问题。欧洲的荷兰、德国、英国等国家和亚洲的韩国、日本等国为拓展土地资源，对潮滩的围垦利用已有几百乃至近千年的历史（Pethick，2001，2002）。我国对潮滩匡围及开发利用的历史悠久，已有 1000 多年，浙江沿海的大沽塘和江苏北部的范公堤等是我国利用潮滩资源的历史最高成就（陈吉余，2000）。潮滩围垦在一定程度上改变了潮滩的高程、水动力环境和沉积泥沙的输运等多种环境因素，进而促进或改变了生物的演替方向和速度，对海岸海洋环境的演变具有重要影响（李加林等，2007）。目前，国内外的潮滩围垦已经由匡围高潮滩转向匡围中潮滩和低潮滩，在 1978 年前，我国主要在潮上带对潮滩进行围垦，此后，对潮间带进行了大规模的围垦，直接后果就是造成潮滩纳潮量的下降及湿地面积的减少（Wang et al.，2012）。位于韩国西海岸的瑞山湾围垦工程于 1984 年建设了 8km 长的围海大堤后，导致潮滩沉积环境发生显著变化（Lee et al.，1999）。同样位于韩国灵山河口的木浦围垦工程则加剧了台风时期的洪水危害（Kang，1999）。此外，围垦后，围堤内外的潮滩生态环境有着不同的演化特征，在对江苏省东台市的三仓、仓东、笆斗和金川等垦区的实地调查后发现，只要在围海堤坝外侧留下一定面积的盐沼，在堤前滩地的淤高过程中，在堤外的盐沼植物群落也能够在一定程度上得以恢复（张忍顺等，2003）。

长江三角洲经济发展快速，对土地资源需求旺盛，江苏南通的海门、启东和上海的崇明对北支的进口段以及上段、中段、下段进行了大规模的围垦。崇明实施的围垦造地工程在早期主要集中在北支河道的西部和上段，结果使得北支河槽在形态上逐渐发展为喇叭口状，尤其是 1968 年对永隆沙的围垦，1975 年进行的南汉堵坝，进一步强化了喇叭状的河口，北支河宽从 12 km 减小到 4.5 km（茅志昌等，2008；），潮汐作用进一步加强，时有涌潮发生（陈沈良，2003a；陈沈良，2003b）。洲滩围垦改变了北支河口的平面形态和水动力条件，河道原有的自然平衡被打破，进一步加剧了河床的演变（张静怡，2007a）。长江北支是长江入海的第一级分汊水道，历史上曾是长江径流入海的主通道，自 18 世纪中期主泓移至南支以后，水沙分流量逐渐减少，1915 年占 25%，1958 年降至 7.6%，1959 年出现水沙倒灌现象（孟翊、程江，2005）。尤其是 20 世纪 50 年代以来，在河床自然演变和人类围垦活动影响下，北支河道缩窄淤浅，分流量由 1915 年的 25%降至目前的 5%以下，以径流作用为主转成了以潮流作用为主，成为强潮型河口（茅志昌等，2008；刘曦等，2010）。近年来虽有小幅度增加，但总体仍维持较小的径流量，2001 年仅为 1.4%。2003、2004 和 2005 年北支分流比分别为 1.55%、1.96% 和 2.8%（胡凤彬等，2006；冯凌旋等，2009），分流比的减少使得北支潮沙作用不断增强，成为涨潮流占优势的河道，动力条件和沉积作用发生显著变化，并形成复杂的沉积特征，长江北支潮滩的悬浮泥沙的输移形式和沉积物质的来源呈现多样化。

近几十年以来，对长江北支沉积环境的研究，围绕沉积地貌特征与河床演变趋势分析（陈宝冲，1993；张长清、曹华，1998；孟翊、程江，2005；李伯昌，2006；茅志昌等，2008；张军宏、孟翊，2009；张志强等，2010；刘曦等，2010）、沉积动力环境演变和水沙特性分析（贾海林等，2001；曹民雄等，2003；陈沈良，2003a；陈沈良，2003b；孙艳梅等，2005；周开胜等，2005，2008；张风艳、孟翊，2011）、表层沉积物的泥沙输移趋势分析（恽才兴等，1981；吕全荣、严肃庄，1981；蔡爱智，1982；史立人等，1985；林承坤，1989；杨欧、刘苍字，2002；周开胜等，2007；闵凤阳等，2010）、潮滩湿地资源和生态环境（黄成、张健美，2003；张杰等，2007；操文颖等，2008；顾用红等，2013）等方面展开了深入细致的研究。近几年来，对长江北支口门潮滩沉积环境变化的研究也出现了新的成果，如局地小尺度下的潮滩地貌动态演化模式（张振克等，2010）、潮滩沉积物重金属污染的来源分析及生态风险评价（谢丽和张振克，2015）、潮滩沉积环境特征与邻近区域的比较（从宁，2010）和基于 Gao–Collins 模型的沉积泥沙输运趋势分析（徐华夏等，2014）。

长江北支口门的动力环境复杂，有径流、潮流、波浪等，还包括口外海域环流系统。如此复杂多样的水动力导致北支物质来源的多样性。为了分析长江北支的泥沙来源，形成了不同观点，第一种观点是沉积物来源于长江，长江泥沙入海后，在扩散的过程中部分倒灌而进入北支（恽才兴等，1981；史立人等，1985；林承坤，1989）；第二种观点是沉积物来源于苏北沿海，苏北沿岸流携带江苏沿岸的废黄河和南黄海的悬沙向南输运，绕过启东嘴后进入北支（蔡爱智，1982；陈宝冲，1993）；第三种观点是沉积物有多个来源，口外的海域悬沙扩散是主要来源，包括长江南支入海泥沙的扩散倒灌、苏北沿岸流的输沙供应；此外北支上段也贡献部分泥沙（杨欧、刘苍字，2002；周开胜等，2007）。基于放射性同位素示踪物 $^{226}Ra/^{228}Ra$（Dai et al., 2011b）和遥感影像沿岸沙体形态特征（Xie et al., 2013）的分析，认为沉积物主要来自海外输沙，而不是入海径流输沙，分歧的焦点在于泥沙是由苏北沿岸流挟持南黄海的物质向南输移，绕过启东嘴而进入北支，还是长江南支入海泥沙的扩散和转运。

　　启东嘴附近潮滩位于长江北支口门，在自然背景上属于长江口北翼冲积-海积平原，地处江海之交，即长江北支岸线与江苏海岸线交汇点，地理位置独特，海洋与河流交互作用强烈，潮间带宽阔，是典型的粉砂淤泥质海岸。新中国成立以来，该区域成为长江北支以潮滩围垦为利用形式的现代人类活动最为活跃的地区之一，潮滩围垦活动不断加强（张振克等，2008）。为了改善海岸交通和抵御风暴潮灾害，当地政府早在 20 世纪 50 年代就建设了海防公路。进入新世纪后进一步围垦开发，广州恒大地产集团有限公司于 2006 年，在启东嘴附近潮滩建设了高等级标准的围垦大堤，在海防公路和恒大围垦大堤之间，还有 1970 年、1989 年和 1992 年围垦的 3 道大堤。长江北支口门启东嘴潮滩由于围垦海堤向海推进了约 5.5km（张振克等，2010）。

　　在自然演变和人类围垦的影响下，长江北支的水动力条件发生了显著变化，形成了复杂的沉积特征，这也是导致沉积物来源有不同看法的重要原因。位于北支口门的启东嘴附近潮滩，强烈的人类活动必然导致不同于自然状态下的沉积特征，不同之处是怎么体现的呢？启东嘴附近潮滩的冲淤变化与北支的泥沙来源息息相关，北支的沉积动力发生根本性变化后对物质来源又产生了怎样的影响呢？因此，以地处江海之交的长江口启东嘴附近潮滩为研究对象，试图解答以上这些重要的科学问题，揭示人类活动影响下的潮滩沉积特征及沉积物质的来源。既对认识启东嘴附近潮滩的海岸动态与沉积环境演变能够提供科学依据，又对潮滩资源的开发利用能够提供决策参考。

1.2 研 究 意 义

1.2.1 理论意义

　　河口位于河流与海洋的交汇处，受海陆自然营力和人类活动的双重影响，自然现象复杂多变，生态环境脆弱。长江是我国第一大河，在自然过程和人类活动的共同作用下，自 1980 年以来（尤其是三峡水利枢纽工程的建设）平均输沙量呈现显著减少趋势，淡水径流、入海泥沙、营养物质和污染物的入海通量等发生快速变化，对河口及邻近海域的沉积环境和生态系统产生直接而明显的影响（高抒，2010）。在河口三角洲沉积结构（Li et al., 2002）、沉积与地貌演化（Hori et al., 2001；Yang et al., 2003；杨世伦，2004；杜景龙等，2012）、沉积物输运过程（Chen et al., 1999）、海面变化和地面沉降（Stanley and Chen, 1993）等方面引起学术界广泛的关注。

　　长江口北支是长江入海的第一级分汊水道，历史上曾是长江径流入海的主通道，18 世纪以后逐渐萎缩。尤其是 20 世纪 50 年代以来，在河床自然演变和人类围垦活动影响下，北支河道束窄淤浅，分流量由 1915 年的 25%降至目前的 5%以下，以径流作用为主转成了以潮流作用为主，地貌过程、水动力条件和沉积作用也随之发生显著变化，并形成复杂的沉积特征。近几十年来，围绕长江口北支河床发育演变、水文泥沙输移、河道整治开发、沉积环境变化、湿地资源和环境等方面取得丰富的科学研究成果。但是对处于长江口北支启东嘴潮滩的沉积特征和沉积环境演变的研究较少涉及。

潮滩的淤长和侵蚀过程在淤泥质海岸表现的非常复杂，岸线对潮滩环境变化极其敏感（Hansom, 2001）。入海径流、波浪、潮流、台风和风暴潮是长江口北支启东嘴潮滩沉积特征变化的主要动力因素。此外，长江流域水利工程建设、长江口北支河段的滩地围垦和河道整治、启东市寅阳镇沿海滩涂围垦以及外来物种互花米草的引种，也在一定程度上影响和改变河口沉积动力环境及启东嘴潮滩的冲淤变化。淤泥质潮滩复杂多变的海岸动力条件，决定了沉积环境的复杂性和对区域响应的敏感性。

潮滩海陆交互作用强烈，滩面和潮沟地貌淹没和出露相互交替、侵蚀与淤长相互交替，尤其是河口海岸潮滩的物理过程、化学过程和生物过程都要比湖泊和海洋环境复杂得多。研究潮滩环境在多种条件综合作用下的物质循环规律和动力机制是国内外海岸沉积学的热点之一。因此，研究长江口北支启东嘴潮滩沉积过程及物质来源变化，对认识该区域的泥沙输运、冲淤变化、沉积动力环境的演变等具有重要理论意义。

1.2.2　实践意义

江苏省位于我国东部沿海中部，大陆海岸线全长约 954km，北起苏鲁交界的绣针河口，南至长江北口苏沪交界的启东嘴。其中，粉沙淤泥质海岸线长约 884km，占全省海岸线总长的 93%、其余沙质海岸长 30km、基岩港湾海岸 40km。江苏省沿海地区独特的沉积环境孕育了总面积达 50 万 hm^2 的沿海滩涂，约占全国总面积的 1/4，中部发育的以东台弶港为顶点的南黄海辐射沙洲群，南北长约 200km，东西宽约 90km。

江苏沿海滩涂资源开发历史悠久，经历了兴海煮盐、垦荒植棉、围海养殖等为主要利用形式的多个阶段，开展了较大规模的沿海滩涂围垦开发活动。2009 年 6 月 10 日，国务院常务会议审议通过了《江苏沿海地区发展规划》并上升为国家战略，计划在 2010～2020 年间分三阶段围垦滩涂 270 万亩[①]，以"港口－产业－

---

① 1 亩≈666.67m^2。

城镇"三位一体为核心主线，加强现代化港口及港口群建设、布局临港工业、错落发展城市群。

长江口启东嘴潮滩在行政区划上隶属江苏省启东市寅阳镇，在自然背景上属于长江口北翼冲积-海积平原，地处江海之交的长江口北支口门附近（长江口北支岸线与江苏海岸线交汇点），地理位置独特，海洋与河流交互作用强烈，潮间带宽阔，泥沙来源丰富，是典型的粉砂淤泥质海岸的潮滩地貌，是长江北支滨海湿地自然保护区的核心区域。新中国成立以来，该区域成为江苏沿海以滩涂围垦为主要利用形式的现代人类活动最为活跃的地区之一（张振克等，2008），潮滩围垦活动不断加强。20 世纪 50 年代为改善海岸交通、抵御风暴潮灾害，修建了海防公路，2007 年广州恒大地产集团有限公司在启东嘴潮滩东部的砂质光滩上建造了高标准的大堤，在海防公路和恒大围垦大堤之间，还有分别于 1970 年、1989 年和 1992 年围垦的 3 道大堤。沿着恒大海堤由陆向海分布着宽约 120m 的互花米草滩和光滩，底栖生物丰富，是珍稀鸟类如天鹅、丹顶鹤和濒危洄游动物如白鳍豚、中华鲟、江豚和其他经济鱼类、河蟹、河鳗的繁衍栖息之地，2002 年经江苏省人民政府批准建立启东长江口北支湿地自然保护区。近半个世纪以来，启东嘴潮滩由于围垦海堤向海推进了约 5.5km（张振克等，2010）。潮滩围垦工程能够直接改变周围海域的水动力条件、沉积泥沙特征、海岸物质循环和生物演替，进而对海岸整体环境演变产生重要影响（李加林等，2007）。因此，研究长江口北支启东嘴潮滩沉积过程及物质来源变化，可为长江口北支的海岸资源开发利用、潮滩围垦与促淤、沿海经济发展，以及长江口北支湿地自然保护区的科学管理等提供科学决策依据，具有重要的实践意义。

1.3　主　要　内　容

1.3.1　研究目标

在对长江北支口门启东嘴潮滩的环境特征和资源利用进行综合调查的基础上，通过对沉积物的粒度组成、^{137}Cs 测年、微量元素、稀土元素、矿物组成等环境指标进行测试，系统分析潮滩在强烈人类活动影响下不同于自然状态下的沉积特征，揭示长江北支口门启东嘴潮滩的物质来源及变化。为达到预期研究目标，在充分收集和分析前人研究成果的基础上，结合野外详细的实地调查数据，对长江潮滩北支口门启东嘴潮滩沉积物的粒度、^{137}Cs 比活度、微量元素、稀土元素、黏土矿物等环境指标进行实验分析和测试。通过分析这些环境指标的分布和变化，探讨现代人类活动影响下长江北支口门潮滩的沉积特征及物质来源及变化。为此，设计了如图 1-1 所示的研究方法和思路框架。

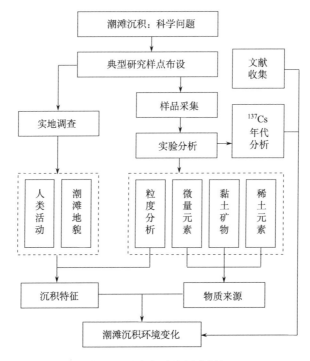

图 1-1　研究方法和思路框架

1.3.2　主要内容

通过柱样沉积物多种环境指标的分析，对人类活动影响下的潮滩沉积特征及物质来源开展较为系统的研究，具体研究内容如下：

1. 潮滩沉积特征及对人类活动的响应

为解决土地资源的不足，世界沿海国家不约而同地选择了围海造地，随着对沿海地区潮滩资源开发强度的增加，人类活动对潮滩发育的影响也越发显著，从某种意义上讲，已超过了自然演化。通过分析柱状沉积物 YTJ-1、YTJ-2、YTJ-3、YTJ-4 的粒度分布特征，与人类活动历史进行对比，揭示潮滩在人类围垦活动下所表现出来的不同于自然状态的沉积特征。

2. 现代沉积速率变化及环境意义

沉积速率是确定沉积环境的定量指标，长期的沉积速率可反映地质历史的形成与发育过程，短期的沉积速率可反映水动力条件与物质供应情况。利用放射性核素 ^{137}Cs 时标定年技术，计算长江口启东嘴附近潮滩的现代沉积速率，并与临近区域的沉积速率进行对比，分析沉积速率变化对沉积环境的指示意义。

3. 沉积泥沙供给及物源示踪分析

物质来源及变化是判断沉积物特征和演化过程的重要依据。分析沉积物中微量元素的丰度和元素比值，以及元素之间的相关性；分析沉积物中稀土元素的总量、特征参数、标准化配分模式；分析沉积物中黏土矿物的类型和含量，以及组合方式和分布特征。同时，结合北支沉积动力变化与邻近海域的环流系统，分析沉积物的来源及变化过程，并对不同物源的贡献率进行定量识别。

1.4 主 要 创 新

海岸沉积系统对环境变化高度敏感，尤其是粉砂质和淤泥质潮滩地貌的沉积环境变化更为显著。本书选择长江（我国第一、世界第三大河）北支口门的启东嘴潮滩为研究对象，进行了大量细致的沉积物的粒度、^{137}Cs 比活度、微量元素、稀土元素、黏土矿物等测试工作，对人类活动影响下的启东嘴潮滩的沉积特征和物质来源进行了系统研究。取得了如下方面的科技创新。

（1）根据沉积物粒度特征及其记录的环境信息，结合人类活动对潮滩资源的围垦开发历史，得出了潮滩沉积在人类活动影响下不同于自然状态下的沉积特征。轮作翻种的农业生产活动会使细颗粒组分更容易受到雨水的淋失，最终使得沉积物不断变粗。围垦建堤改变了原有的潮汐、波浪等海洋动力特征，水动力环境得到增强，粗颗粒物质因能适应高能环境得以沉积。

（2）分析微量元素、稀土元素、黏土矿物等环境指标，得出了长江口启东嘴附近潮滩沉积记录的泥沙来源与变化，长江的入海泥沙不再是主要物质来源，南黄海辐射沙洲悬浮体沉积物的再扩散，是沉积物的主要源区。在对沉积动力变化进行阶段性划分的基础上，应用地球化学参数的沉积物端元定量判识方法，对不同物质来源贡献率进行了定量分析，获得了关于长江口北支水动力和物质来源分三个阶段演变的创新结论。

第2章 研 究 进 展

2.1 粉砂淤泥质潮滩研究进展

以潮汐作用为主要动力塑造形成的粉砂淤泥质海岸，也称潮滩或潮坪，是一种重要的海岸类型，在国内外分布十分广泛（杨留法，1997；高抒，2007），包括潮上带、潮间带和潮下带三部分（图2-1）。欧洲的潮滩主要分布在荷兰和法国等国家的大西洋沿岸，以及英国的沃什湾；北美洲的潮滩主要分布在芬地湾和加利福尼亚湾；南美洲的潮滩主要分布在亚马孙河口和圭亚那沿岸。我国的潮滩分布范围广泛，根据海岸地貌特征和潮滩沉积过程等控制因素，可分为平原型和港湾型两种类型，平原型潮滩由北向南主要在辽河、长江、黄河和珠江等河口三角洲及两翼的滨海平原等区域分布，港湾型潮滩由北向南主要在浙江省、福建省、广东省、广西壮族自治区等沿海的港湾等区域分布（王颖、朱大奎，1990；时钟等，1996）。潮滩在空间上表现为狭长分布，垂直于海岸线的陆海方向上一般为数千米，平行于海岸线的沿海方向上可达数十至数百千米。

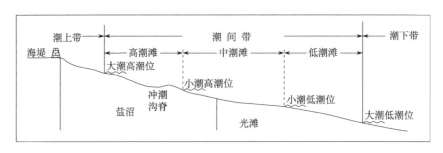

图2-1 潮滩不同滩段划分示意图（据贺松林,1988）

潮滩沉积研究的开展不仅与人类经济发展关系密切，而且对解释环境演变也具有重要意义。国外对潮滩沉积的研究起步较早，早在20世纪30年代 Hantzschel 就注意到细粒悬浮沉积物向潮滩上部富集并沉积下来，滩面沉积物粒径由下向上逐渐减小的现象（张忍顺，1987）。Postma 在荷兰瓦登海的观测证实，细颗粒悬浮物含量向内增加，而粗颗粒悬浮物在外部最大，为解释这一现象提出了潮流的距离-速度不对称概念（Postma, 1954）。潮滩沉积的研究对恢复古海岸线位置和石油勘探有重要参考价值，20 世纪 60 年代以来，在现代沉积学的发展推动下，潮滩沉积作用的研究越来越受到人们的广泛重视，对潮滩进行了深入研究，在沉积环境、沉积结构、沉积模式、沉积判别、与古潮滩沉积的对比等方面取得了丰富的研究成果（Klein, 1977; Amos, 1980; Reineck and Singh, 1980; Allen, 1982, 1989; Davis, 1985; Bassoullet et al., 2000）。潮间带盐沼植物对海岸沉积动力过程有重要影响（French and Reed, 2001），广泛分布于气候湿润的温带-亚热带淤泥质潮间带上部，历来受到国外学者的重视，1960 年出版的《世界盐沼和盐漠》为世界盐沼展开系统的研究奠定了理论基础（Chapman, 1960）。Allen（2000）从盐沼潮滩的分布、自然特征、形成因素，以及海平面变化与盐沼空间的关系、潮汐和潮流模式对盐沼及其滩面高度的影响、盐沼植被和滩面矿物及其来源、潮沟动态变化、海洋动力对盐沼滩面的影响、盐沼沉积物自然压实过程、盐沼演化的概念模型和数学模拟模型、盐沼地貌的冲淤循环和沉积模式、人类活动与自然环境共同影响下的盐沼演变等方面，详细地论述了欧洲北海南部盐沼潮滩和大西洋沿岸盐沼潮滩的沉积地貌与环境变化。

我国对潮滩沉积研究晚于国外，为了港口建设的发展需求，在 20 世纪 60 年代初期才开始关注潮滩研究。陈吉余等认为物质组成对渤海湾淤泥质潮滩平衡剖面的塑造具有重要作用，并于 1961 年首次开展了我国对潮滩沉积的研究（陈吉余、王宝灿，1961）。为了开发利用潮滩资源，20 世纪 80 年代开始，我国沿海各地普遍关注淤泥质潮滩基础调查（时钟等，1996）。任美锷全面系统地分析了我国淤泥质潮滩沉积研究面临的主要科学问题（任美锷，1985）。国内学者在潮滩地貌典型的长江口附近和江苏北部沿海地区，围绕潮滩类型的划分、潮滩剖面形态特征、潮滩沉积速率的定量分析、潮滩地貌变化的动力机制、盐沼植物互花米草等对潮滩沉积的影响、潮滩记录的风暴潮沉积、潮滩泥沙长短期的冲淤循环机理、潮滩泥沙输移途径等方面取得了大量的研究成果（Wang, 1983；逄自安，1980；王宝灿等，1980；李成治、李本川，1981；任美锷等，1983，1984；许世远等，1984；李从先等，1986；朱大奎等，1986；张忍顺，1986，1987；黄海军、李成治，1988），引起强烈的国际反响，受到国际同行的密切关注。近十余年来随着空间信息技术和计算机数值模拟的广泛应用，对潮滩地貌沉积动力过程和机制的认识更加深入（Li et al., 2006a；Wang et al., 2006；李从先、赵娟，1995；杨世伦，1997；付桂等，2007），初步建立我国淤泥质潮滩沉积研究理论系统（王颖，2002；黄海军等，2005）。

潮滩沉积受陆海相互作用的强烈影响，在岸坡平缓、泥沙来源丰富、潮流作用为主的低能环境下易于形成潮滩沉积，尤其是在河海相互作用活跃的海岸环境下最为发育（王颖等，2003）。潮滩在空间上表现为狭长分布，垂直于海岸线的陆海方向上一般为数千米，平行于海岸线的沿海方向上可达数十至数百千米。潮滩沉积受到物质来源变化、动力环境变化、地貌蚀积特征、生物演替作用（杨世伦、徐海根，1994），以及人类围垦活动的影响（陈才俊，1990；高宇、赵斌，2006；李九发等，2007，2010）。此外，在潮汐和波浪的周期性作用下，潮滩发育也呈现出周期性循环的特征（龚小辉等，2012）。

潮滩的淤长和侵蚀过程非常复杂，岸线对环境变化极其敏感（Hansom，2001）。潮滩泥沙输移过程和短期的冲淤变化反映了区域沉积动力环境特征以及水体与沉积物间交换的地貌动态变化的内在联系。粉砂淤泥质潮滩的泥沙输移过程主要表现为低潮滩与高潮滩之间的泥沙交换（Black，1999）。Dyer 等（2000）通过对荷兰 Dolldar 河口的长期观测，深入分析了潮滩泥沙在落潮流影响下的输移和沉积过程。Hassen（2001）以法国大西洋沿岸的 Fier d'Ars Bay 淤泥质潮滩为研究对象，在分析了悬浮营养物质时空变化的基础上，发现在潮滩的上部同时输入溶解质和细颗粒物质，但是在潮滩下部表现为输入细颗粒物质和输出溶解质。Ridderinkhof 和 Ham（2000）在对潮汐不对称进行研究后，认为潮滩泥沙的输移过程主要是受憩流历时的不对称性所控制。Bassoullet 等（2000）实地观测了法国 Baie de Marennels Olerno 潮间带淤泥质潮滩，并估计了悬沙通量。

一般来说，潮流和波浪是造成潮滩发生侵蚀、搬运和堆积的最主要的两个动力因素，潮流和波浪控制着沉积物的输移方向，此外，风成环流、河川径流等对沉积物输运方向也有重要影响（Hir et al.，2000；Uncles and Stephens，2000；Whitehouse et al.，2000；Rroberts et al.，2000）。任美锷等（1983）认为风暴潮是影响潮滩发育的主要动力之一，对潮间带的冲刷和淤积尤为明显。虞志英等（1994）和樊社军等（1997a，1997b）认为波浪是塑造冲蚀型岸滩形态的主要动力，潮流是塑造淤积型岸滩形态的主要动力。蔡守勇等（2001）等从水动力定量化研究技术角度，详细分析了计算机测量系统（VSMS）在潮滩水沙测量方面的应用。杨世伦等（2001a）根据潮沟形态的体系特征，指出长江口潮滩地貌是潮流、波浪和悬浮泥沙综合作用的结果。

潮滩在发育过程中，当淤积到一定潮位高度时，通常情况下都会生长盐沼植物（陈吉余、杨世伦，1990；杨世伦、陈吉余，1994）。由于盐沼植物的摩擦阻碍作用，波浪向岸传播过程中能量不断减弱。通过对盐沼和邻近光滩的野外观测后发现，英格兰东北部诺福克地区（Norfolk）的盐沼对波浪能量的削弱作用显著（Moller et al.，1999，2001），波能被盐沼植物减少了 82%以上。盐沼植物高度、密度等因素对其消浪作用具有影响，植物越高越密，消浪效果越好。我国长江口潮间带的盐沼植被对流速的减小也非常明显（李华、杨世伦，2007）。盐沼植物通过对波浪和潮流的消浪、缓流作用，以及对水体紊动结构的改变，最终对滩面沉积地貌产生一系列影响。盐沼植物能够降低水动力能量和吸附细颗粒泥沙，使得盐沼中的沉积泥沙颗粒要比光滩上的细，滩面淤积速率比光滩要高，尤其是在盐沼下部（Stumpe，1983；杨世伦等，2001b）。在盐沼中难以形成光滩上常见的波痕和冲刷坑等微地貌形态，导致潮滩面的平整化与冲淤循环过程的变化（Yang et al.，2003b）。在互花米草的影响下，江苏沿海潮滩的潮沟密度明显高于光滩，达到 50km/km^2；但是潮沟的宽深比较小，多数小于 8m，低于光滩（李占海等，2005）。

2.2　沉积物物源示踪研究进展

海洋沉积物绝大部分来自于河流输沙、海岸侵蚀物质、海底物质的重新分布、风尘沉积、海洋自生矿物以及生物壳体等（高抒，2003）。无论是地质时期、历史时期，还是现代沉积，物质来源始终是决定沉积物特征和演化过程的主要因素（何起祥，2006）。因此，判断物质的来源往往成为研究的首要问题。物源分析包括源区的位置、沉积物性质及沉积物的搬运路径，同时还需要进一步了解源区的环境条件（徐亚军等，2007）。随着现代技术水平的不断提高，物源分析方法也逐渐增多，并且多种方法之间不断相互补充，常用的物源分析方法主要有沉积学方法、岩石学方法、矿物方法、元素地球化学方法、地质年代学方法、化石及生标化合物方法及地球物理学方法等（赵红格、刘池洋，2003；杨仁超等，2013）。目前，国内外开展沉物质的来源研究，大多采用矿物学和元素地球化学进行物源示踪。

2.2.1　沉积物矿物学物源示踪

利用沉积矿物学方法进行物源示踪研究主要是根据矿物的含量、组合、标型等特征来分析沉积环境和物源来源。早在 1945 年，Revelel 等人在分析太平洋沉积物的过程中，通过 X 射线衍射技术发现其具有结晶特征，此后，越来越多的学者关注海洋沉积矿物的组成与分布方面的研究（蓝先洪，2001）。

黏土矿物是海洋沉积物的重要组成部分，分布广泛，在各种类型的沉积物中都有分布。黏土矿物对沉积环境的变化，有极其敏感的响应，Jacobs 和 Hays（1972）深入研究了海洋沉积物中黏土矿物的组成、含量特征及变化趋势后，发现这种变化趋势与古气候环境变化存在一定的相关性。因此，研究黏土矿物的形态结构和组合特征，有助于揭示物质来源和沉积环境变化（Park and Han，1984；蓝先洪，2001）。常见的黏土矿物有蒙脱石、伊利石、高岭石和绿泥石，主要由源岩在风化环境下产生，因此，黏土矿物能够反映母岩性质和气候环境。绿泥石主要富集在高纬地区和海洋沉积物中，伊利石在北大西洋中含量最高，因此，绿泥石和伊利石是反映弱风化气候环境的指标；高岭石主要富集在淋滤作用和化学作用比较强烈的热带地区，因此，高岭石是低纬度地区反映强风化气候环境的指标（蓝先洪，2001）。但是，气候条件并不是陆源黏土矿物分布的唯一因素，在印度洋西部的黏土矿物的分布主要受周边大陆（亚洲、印度和澳洲）陆源物质输入的控制，不显示任何的纬向特点（Thiry, 2000）。黏土矿物受物源区气候环境的制约，是判断河流沉积物入海后扩散运移规律的良好指标。Griffin 等（1968）根据黏土矿物的类型、含量及其组合分析了世界大洋的物质来源，Hemming 等（1998）识别了西部赤道大西洋洋底柱样沉积物的沉积环境和物质来源。应用黏土矿物对海洋沉积物的输运路径也有相关的研究，如南大西洋（Petschick et al., 1996）、印度洋（Gingele et al., 2001a）、中国南海（Liu and Chen, 2010；Liu and Colin, 2010）等。

此外，矿物在物理和化学性质上体现出来的形态特征、晶体结构具有标型意义，在研究物质来源时也可利用这种标型特征，这在海洋沉积物的物源判别上也取得了丰富成果（Owen, 1987；Darby and Tsang., 1987；Grigsby, 1992；林振宏，2000；杨群慧等，2002）。具有标型意义的矿物主要有石英、云母、角闪石、石榴子石、锆石、磁铁矿、赤铁矿、钛铁矿等。其中，众多学者对石英砂的结构特征进行了详细研究，取得了深入认识，揭示了石英砂在不同沉积环境下呈现出不同的表面特征（谢又予，1984；王颖和 Deonarine，1985；马克俭，1991；张光威等，1996）。此外，众多学者对重矿物的成分标型特征也进行了详细研究，大多认为矿物的成分标型在物源研究中要优于形态标型，具有良好的物源示踪效果（杨从笑、赵澄林，1996；Morton and Blackmore, 2001）。

2.2.2　元素地球化学物源示踪

地球化学元素，特别是在风化、搬运和成岩过程中相对不易迁移的成分，如稀土元素 REE 和 Zr、Th、Sc 等微量元素（Taylor and Mclennan, 1985；Girty et al., 1994），提供了物源区沉积物的成分随时间而变化的信息（毛光周、刘池洋，2011），同位素法可确定物源类型和年龄，是更为精确的物源识别方法（赵红格、刘池洋，2003），已越来越多地应用于探讨沉积物的物质来源。元素地球化学方法研究沉积物的特征和物源示踪，主要是利用一系列特征参数来进行分析，包括元素丰度、元素与元素间的比值、元素与元素间的相关性、元素的数理统计和多元图解（金秉福等，2003）。

地球化学元素丰度反映了表生环境下的地球化学特征，根据地球化学元素的富集系数 K 值的大小，可以比较地球化学元素丰度的接近、贫化或富集程度（赵一阳、鄢明才，1993）。地球化学元素比值除了可以揭示元素之间的比例关系外，还可以反映元素的富集程度、亏损程度（秦蕴珊等，1987；赵振华，1997）。柔佛海峡（Johore Strait）位于马来西亚和新加坡之间，Wood 等（1997）对柔佛海峡（Johore Strait）沉积物的地球化学元素进行研究后，认为强烈的化学风化作用是导致 V、Cr、Mn、Ni、Cu、Co、Cd、Se 等元素的浓度低于页岩和地壳平均值的主要原因；该地区相对富集的花岗岩和独居石是导致 U、Th 等元素的浓度偏高的主要原因；大量交通工具的废气排放是导致 Pb、Zn 等元素浓度偏高主要原因。Cho 等（1999）在研究韩国西南部海洋表层沉积物的地球化学元素比值后，发现 V/Al 值较高的沉积物主要来自我国黄河入海物质，Mg/Al 值较高的沉积物主要来自朝鲜半岛的入海物质。Ishiga 等（2000）研究了日本西南海岸潟湖沉积物的地球化学元素比值后，认为人类活动是导致沉积物中 Ti/Zr、Zr/Y 和 Nb/Y 值极端变化的主要原因。在我国长江、黄河与珠江的河口地区，沉积物中 Ti、Zr、V、Co、Cr、Ga 等元素的丰度差异较大，主要原因是物质的来源不同和河口沉积环境的不同（蓝先洪，1995）。根据沉积物中地球化学元素特征的差异，元素 Cu、Zn、Se、Ti、Fe、V、Ni、Cr、Mn、Li、Zr、Al 等，以及元素比值 La/Se、Th/Co、La/Co、Tr/Zr、Zr/Y 等，能够很好地将长江与黄河的沉积物区分开来（杨守业、李从先，1999a）。

　　沉积物中地球化学元素之间的相关性反映了元素之间化学性质的差异，记录了物质来源的有关信息。以美国西部加利福尼亚（California）附近海岸的沉积物为对象，分析地球化学元素的沉积特征，Dena 等（1997）计算了元素含量与 Al 元素之间的比例关系，与 Al 元素之间有明显线性关系的是 Fe、Ti、Li、V 等元素，元素丰度与页岩平均值非常接近，这几种元素主要来源于地壳；没有明显线性关系的是 M、Cu、Ni、Zn、Ba、Sr 等元素，元素丰度比页岩平均值要高得多，这几种元素主要来源于海水，是水体中发生的自我富集现象。高爱国等（2004）研究了北冰洋边缘的楚科奇海（Chukchee Sea）表层沉积物后，发现 Si 元素在粗颗粒的沉积物中比较富集，Al、Fe、Mg、Na、Mn、Ti 等在细颗粒沉积物中比较富集，并且这些元素的含量与 Si 元素的含量之间表现为负相关关系。

　　通过对地球化学元素进行聚类分析和因子分析，能够揭示出制约沉积物中地球化学组成的控制因素，同时还可以将具有相似地球化学特征的元素进行组合和分类。孟宪伟等（1997）以东海大陆架边缘的冲绳海槽（Okinawa Trough）沉积物为研究对象，利用因子分析方法将含有物源信息的地球化学元素进行了组合和分区，认为元素组合分区的多样性说明沉积物的来源比较复杂，沉积物是多种物源按照不同比例混合而成的混合物，包括陆源物质、生物源物质、火山源物质、热液源物质和自生源物质，并且以海槽为界线，陆源物质和生物源物质主要分布在海槽的西北侧，火山源物质和热源物质主要分布在海槽的东南侧，多种物质混合后主要分布在海槽的底部；此外，金属元素 Cr、V、Ni、Eu、Zn、Pb、As、Sb和 Ag 等主要来于火山源物质和热液源物质。杨守业和杨从先（1999）以长江表层沉积物与黄河表层沉积物为研究对象，对地球化学元素进行了相关分析、因子分析和聚类分析，结果表明长江沉积物与黄河沉积物无论是在常量元素上还是微量元素上都存在较为明显的差异，长江沉积物富集大多数的常量元素和微量元素，但是 Ca、Na、Sr、Ba、Th、Zr、Hf 等元素除外，并且大部分元素在细颗粒的黏土中比较富集，以吸附态的形式搬运和沉积，但是 Ca、Na、Sr、Zr 等元素和重稀土元素在粗颗粒沉积物中含量较高，揭示出地球化学元素在表生环境中具有不同的迁移和富集规律。

稀土元素在源岩风化、搬运和沉积的过程中，几乎不受表生环境的影响，对源岩的信息也保存得很好，是进行物源识别的有效信息载体（杨守业、李从先，1999b）。稀土元素进入海洋沉积物中主要有两种途径：一是在近海沉积物中，稀土元素主要来自陆源碎屑物质；二是在深海沉积物中，稀土元素主要来自海水供给（李超，2008）。稀土元素对物源示踪的研究涉及一系列参数的计算，这些参数包括：①总量参数，例如，稀土丰度 ΣREE、轻稀土丰度 ΣLREE、重稀土丰度 ΣHREE；②分馏参数，例如，稀土分馏参数 $(La/Yb)_N$、轻稀土之间的分馏程度 $(La/Sm)_N$、重稀土之间的分馏程度 $(Gd/Yb)_N$；③反映沉积环境的氧化还原性的指标，例如，异常系数 δCe、异常系数 δEu；④标准化配分模式，例如，球粒陨石标准化、上陆壳标准化（UCC）、北美页岩标准化（NASC）等。不同球粒陨石平均值对稀土元素参数的计算有明显的影响，为了能够使稀土元素参数的计算值在不同文献之间可以有效地进行比较，应建立统一的球粒陨石标准化平均值（赵志根，2000）。

近海沉积物主要来自于陆源物质的输入，因而沉积物中 REE 的分布模式与陆源物质极为相似；由于沉积物类型的不同，深海沉积物中的 REE 含量有较大的变化，但也有相同的地球化学特征，也就是沉积物相对富集 HREE，沉积物中 Ce有明显的亏损（金秉福等，2003）。以东海陆架 HY126EA1 岩心沉积物为研究对象，李双林（2001）根据同类沉积物中稀土元素标准化曲线在不同时期有相同的变化趋势这一现象，认为物质来自于同一源区。杨守业等（2003b）以黄海周边的中韩河流沉积物为研究对象，对稀土元素组成的差异进行分析，结果表明在上陆壳标准化配分模式上虽然都表现为轻稀土的富集，但是韩国河流沉积物中的稀土元素分馏程度远远大于中国河流的沉积物（如长江、黄河、鸭绿江），造成中国和韩国河流的沉积物中稀土元素组成的差异主要原因是流域内源岩的差异。反映稀土元素分异的 $(La/Yb)_N$ 和 $(Gd/Yb)_N$ 参数，以及 La/Sc、Th/Sc 等元素比值能够将中韩河流的沉积物有效区分开来，可以用来分析我国边缘海沉积物的物源来源和环境变化。

2.3　人类活动对潮滩的影响进展

海岸带是海陆之间的过渡地带，固、液、气三相物质在此界面相互作用影响下，陆海互相作用强烈，有着丰富的物质循环、能量流动和信息传递，是对全球环境变化最为敏感的地区之一。同时，海岸带地区资源丰富，也是国民经济建设的重要区域，人口密集、经济发达，全球约 3/4 的大城市、50%以上的工业资本和人口集中在距海岸 200km 内的沿海区域（Belfiore，2003）。在人类活动的影响作用下，世界河流入海径流、泥沙输运、营养物质和污染物等通量发生快速变化，并且进一步对河口海岸的生态系统和环境变化产生重要影响（高抒，2010）。随着社会经济的不断发展，人类活动对海岸带资源环境的干预在强度、广度和速度上都已经超过了自然演化（徐谅慧等，2014）。在河口三角洲沉积结构（Li et al.，2002）、沉积与地貌演化（Hori et al.，2001；Yang et al.，2003a；杨世伦，2004；杜景龙等，2012）、沉积物输运过程（Chen et al.，1999）、海面变化和地面沉降（Chen and Stanley，1993；Stanley and Chen,1993）等方面引起学术界的广泛关注。

2.3.1　围垦建堤对潮滩环境的影响

为了获得丰富的土地资源，对潮滩进行大规模围垦，结果造成潮滩湿地的面积急剧减少，并且进一步对潮滩生物多样性和沉积泥沙"侵蚀—堆积"的动态平衡产生重要影响，沿海滩地的过度围垦和不合理的修筑海堤、兴建各种港口等活动会改变水动力环境，进而影响海岸发育过程（冯利华、鲍毅新，2004）。通过对围垦地区进行详细的观测和研究后，Vranken 等（1990）和 Skempton（1995）认为围垦在减弱盐沼滩面淤积的同时，也增强了潮滩的自然压实过程，围垦会导致盐沼潮滩面的高程在一定程度上有所降低。对于土耳其黑海东部海岸的动态变化，Yüksek 等（1995）认为人工采砂和填海造路是造成该地区海岸近几十年来侵蚀后退的原因，并提出一系列减轻岸滩侵蚀的相关措施。海岸防洪堤坝的建设能够有效保护岸滩免受波浪等海洋动力的影响，为了减弱美国佛罗里达 Palm 海滩侵蚀和确定波浪对防波堤的影响，Dean 等（1997）通过分析和解释长期的野外观测数据，认为海滩侵蚀风险大大减少的原因是防波堤坝的建设，虽然防波堤坝在护岸方面的作用非常显著，但是在建设防波堤坝的时候，还需要充分考虑到怎样才能最大程度地降低波浪对防洪堤坝的破坏。以沿岸输沙复杂的海岸建筑物等人工建筑为研究对象，Walton（2002）进行了深入的分析后认为，造成海岸线变化的主要原因之一就是海岸上修建的各种人工建筑。为了有效地分析英国 Palling Sea 潮滩沉积泥沙的"侵蚀—堆积"问题，Thomalla 和 Vincent（2003）采用了 GIS 空间信息技术，通过研究认为岸滩发生侵蚀的主要原因就是修建了防波堤坝等人工建筑。韩国新万金海堤（Saemangeum Groyne）作为世界上最长的海堤（长达33.9km），彻底改变了附近海域的潮流运动，在已建设完成的四个防波提中，3 号防波堤附近发生大量泥沙淤积，而 4 号防波堤附近则是严重的侵蚀（Lee and Ryu, 2008；Ryu et al., 2011）。我国江苏沿海潮滩资源开发潜力巨大，在人类围垦建坝影响下，潮滩自然发育的凸型剖面形态被改变，使得潮水沟不断淤积（吴小根、王爱军，2005）。唐山曹妃甸填海工程修建的通岛公路阻断了浅滩潮道，导致通岛公路西侧的浅滩潮不断淤积衰亡（尹延鸿，2009），同时老龙沟附近深槽的流量和流速也受到影响（尹延鸿等，2011）。崇明东滩经过多次大规模的围垦后，滩面宽度变窄，自然植被破坏，影响自然促淤，淤涨速率明显减弱，潮滩面积从 1987 年的 19705.09 hm^2 锐减到 2002 年的 4773.08hm^2，减少幅度高达 75.78%，年减少高达 995.47 hm^2/a（高宇、赵斌，2006）。

海岸带是陆地的地下水和海洋的咸水之间进行交换的重要界面，围垦工程会影响陆地地下水的水位高低，以及咸淡水的交接界面（朱高儒、许学工，2011）。目前，已经发现的海水入侵地段有几百个，在世界范围内广泛分布，涉及 50 多个国家和地区的滨海平原、河口三角洲和沿海岛屿，这些地区的社会经济都比较发达（徐谅慧等，2014）。围垦填海工程在提供土地资源的同时，也大大降低了海岸的防灾减灾能力，提高了海岸侵蚀和新增土地盐渍化的风险，此外增加了陆地地下水的入海距离，减小了海岸的相对坡度（Guo and Jiao, 2007）。

填海造陆的直接影响是降低了滨海湿地的面积，生态系统的结构和功能也进一步受到破坏，最终对整个海岸湿地的生态环境造成不利影响（Peng et al., 2005）。目前仅有约 4%的海域还算是相对"清静"，41%的海域受到人类活动不同程度的影响（Halpern et al., 2008）。目前，全球海洋中约有 150 处"死亡区域"，总面积超过 24.5×10^{4}km^2，且不适合生物生存的"死亡区域"呈现不断增多的趋势，且主要位于近海海域（Diaz and Rosenberg, 2008）。如日本对谏早湾（Isahaya bay）进行监测后发现，动物群的种类和平均密度，因为填海造陆工程出现了明显的下降（Sato and Kanazawa, 2004）。以新加坡 Sungei Punggol 河口的大型底栖生物群落为研究对象，Wu 等（2005）通过系统的野外调查，发现底栖生物的种类和丰度出现了明显的下降，原因就是围填海工程。我国东南部沿海地区的潮滩、红树林等湿地也面临着同样的问题，湿地生态系统出现了严重的退化，大规模的不合理的围填海工程是主要原因（Han et al., 2006）。

2.3.2　流域开发对海岸环境的影响

流域开发的强度随着社会经济的发展和人口的增长而日益加剧。流域水土资源开发对三角洲的演变有着重要影响。在初期阶段，由于人口数量较少，生产力的水平比较低下，这种情况使得入海河流的流域侵蚀程度比较微弱，入海输沙量也较小，因而河口三角洲的发育也比较缓慢；此后，随着流域人口数量的不断增长和生产力水平的逐步提高，流域侵蚀不断增强，导致水土流失日趋严重，因而河口的淤长速度也较快；此后，水土保持工作越来越受到重视，流域生态环境逐渐得到恢复，入海泥沙通量迅速减少，因而，河口的延伸速度也明显下降（赵华云等，2007）。根据 Guillén 和 Palanques（1997）的研究，近 2000 年以来，伊比利亚半岛北部的埃布罗河（Ebro River）三角洲的演化经历了三个阶段。我国长江三角洲（陈吉余等,1988）和黄河三角洲（许炯心，2001；Xu, 2003）近千年来的海岸线推进与人类活动的关系也基本遵循了这种演变模式。

河流从陆地上携带的入海泥沙是海岸带物质的主要来源，流域的高强度开发，尤其是水库的大规模建设，导致入海泥沙量的大幅度减少，打破了海岸带原有的物质平衡。目前，全球修建的大型水库（坝）约 4 万座，面积约 50 万 km^2，总库容与全球河流入海径流总量之比值高达 20%（McCully, 1996）。根据对世界河流水库建设对入海泥沙量影响的系统研究，Syvitski 等（2005）发现入海泥沙的量由于水库的拦截减少了 $(1.4\pm0.3)\times10^8$t/a。河流中上游修建的水库对泥沙具有明显的拦蓄作用，造成入海泥沙通量急剧减少，相应地河口三角洲和海岸线的淤长速度也变得缓慢，甚至发生侵蚀（Syvitski, 2003）。最为典型的是尼罗河三角洲，尼罗河平均每年向海输送的泥沙通量为 $1.0\times10^8\sim1.24\times10^8$t，但是自 1964 年阿斯旺高坝建成以后，年泥沙输送通量仅为以前的 10%，引发三角洲强烈的岸线后退、海水入侵和土壤盐渍化等自然灾害，以及海洋鱼类种群与数量下降的严重后果，其中在形成呷角的罗塞塔河（the Rosetta river）和达米塔河（the Dameitta river）两大支流河口附近，自 20 世纪 60 年代以来侵蚀现象日益加剧，海岸后退的速率最大分别为 100m/a 和 50m/a（Stanley and Warne, 1993；Fanos, 1995）。其他如西班牙的埃布罗河（the Ebro River）自 20 世纪 60 年代修建水库枢纽后，96%的泥沙被滞留在水库中，导致河口三角洲淤涨停止并发生了严重侵蚀（Mikhailova,

2003)。美国的科罗拉多河（the Colorado River）每年向海输送的泥沙通量为 $1.5 \times 10^8 t$，自从流域调水工程的水库修建后，入海泥沙大大减少，结果导致河口三角洲的岸线发生严重侵蚀(Zamora et al., 2013)。此外，欧洲的多瑙河(the Danube River，Panin and Jipa, 2002)、法国的罗纳河（the Rhone River，Fassetta, 2003)、芬兰的科凯迈基河（the Kokemaenjoki River，Ojala and Louekari, 2002)、俄罗斯的顿河（the Don River，Mikhailov et al., 2001)，非洲的沃尔特河（the Volta River，Ly, 1980)、塞内加尔河（the Senegal River，Barusseau et al., 1998)，美国的科克米希河（the Skokomish River，Jay and Simenstad, 1996）等也出现了类似的现象。

　　我国主要河口与世界上其他许多河口一样都面临着入海泥沙显著减少导致岸线淤长缓慢和侵蚀后退现象。黄河夺淮入海所携带的大量泥沙堆积在苏北潮滩，黄河北归后部分岸段逐渐由淤长型转为侵蚀型（任美锷，1989)。黄河自 1960 年出现第一次断流后，下游断流日趋严重，导致入海泥沙锐减，20 世纪 50～90 年代黄河入海泥沙通量各年代平均值，分别为 13.2 亿 t/a、10.89 亿 t/a、8.98 亿 t/a、6.39 亿 t/a 和 4.18 亿 t/a，90 年代的入海泥沙通量仅为 50 年代的 31.7%，减少幅度十分惊人（许炯心，2003)，黄河入海泥沙的减少直接影响着黄河三角洲的造陆过程，从过去年均造陆 23km²，演变成大面积的侵蚀后退，使胜利油田受到潮淹堤坍的威胁。近年来，尽管长江口潮间带滩地依然持续着较高的淤长速率，但水下三角洲的沉积速率已明显减缓。通过对长江入海泥沙的变化趋势进行研究后发现，人类活动是导致长江入海泥沙通量明显减少的主要原因（Yang et al., 2002a; Yang et al., 2004; 杨世伦、李明，2009)。自从 20 世纪 60 年代后期以来，长江大通水文站的入海泥沙输沙率开始出现下降现象，尤其是 80 年代后期以来，长江入海泥沙输沙率的下降速度呈现加快趋势。其中，年均输沙量在 1956～1965 年期间为 5.04 亿 t/a，在 1996～2005 年期间为 2.80 亿 t/a，绝对数量下降了 2.24 亿 t/a；下降幅度竟高达 44%；三峡水库蓄水后的 2003～2005 年大通站输沙率（1.89 亿 t/a）比 1956～1965 年降低 63%。入海泥沙减少直接导致滩涂淤长速率下降，位于河口口门的 4 大潮滩（崇明东滩、横沙东滩、九段沙和南汇东滩）的淤长速率在 1958～1977 年、1977～1996 年和 1996～2004 年的 3 个时段逐渐减少，分别为 19.1m²/a、5.1m²/a 和 4.9km²/a。

第3章 研究区概况

长江北支口门启东嘴潮滩在行政区划上隶属江苏省启东市寅阳镇，自然背景上属于长江口北翼冲积-海积平原。由于特殊的地理位置条件，海洋与河流交互作用强烈，潮间带宽阔，泥沙来源丰富，为典型的粉砂淤泥质海岸的潮滩地貌，是长江北支滨海湿地省级自然保护区的核心区域。在20世纪50年代修建了海防公路，此后，人类对潮滩资源的围垦活动不断加强，造成海岸线向海推进了约6km，潮滩沉积环境也随之发生显著的变化，如图3-1所示。长江北支口门启东嘴潮滩的滩面比较平缓，主要由互花米草盐沼湿地和粉砂淤泥质光滩等两部分组成。互花米草由于较强的适应性和增殖扩散能力，通过人为引种推广迅速成为高潮滩先锋优势盐沼植物（袁红伟等，2009），并形成了独特的互花米草滩，其分布范围由恒大集团围垦大堤的外侧向西南方向一直延伸到长江江堤达标纪念碑。互花米草在海岸防护和促淤保堤等方面具有非常显著的效果。粉砂淤泥质光滩的潮间带底质位于互花米草盐沼的外侧，在互花米草滩和淤泥质光滩之间侵蚀陡坎广泛存在。

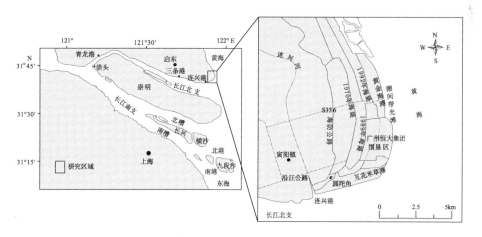

图 3-1 研究区地理位置示意图

3.1 地质背景与沉积地貌

构造运动控制着沉积地貌的形成与演变，并影响着沉积物输送、沉积中心分布等。长江三角洲构造运动复杂，活动性断裂构造主要表现为北东向、北西向以及近东西向，如图3-2所示。例如，湖州-苏州断裂、崇明浅滩断裂、罗店-新场断裂、昆山-嘉定断裂、太仓-奉贤断裂、北港口断裂、余山岛断裂等都是比较重要的断裂，长江三角洲东部的构造地貌与第四纪沉积的演化受到这些断裂的共同影响。尤其是在湖洲-苏州断裂两侧相异的升降运动，是长江三角洲西高东低的地貌格局的主要控制因素（魏子新，2003）。长江三角洲的西部及西南部以上升为主，东部平原地区以沉降为主。自第四纪以来长江三角洲大部分地区表现出的沉降运动，为辽阔的河口三角洲的发育提供了地质基础（赵庆英等，2002）。

　　长江北支在地质背景上属于长江三角洲新构造运动沉降区，上覆比较厚的第四纪沉积物，如图3-2所示，第四纪地层自西向东逐渐变厚（孙艳梅等，2007），达300～450m，下部地层一般为黄褐色砂砾层与杂色黏土互层，河流冲积相十分发育；中上部为灰黄色粗、中砂层和灰黄、灰绿色黏土互层，含大量海相生物，海陆交互沉积明显，砂层厚度30～50m不等，黏土层厚10～20m（王张峤等，2005）。河床主要为砂质黏土，夹杂少量细砂；河床两岸呈二元结构特征，上层主要为黏土质粉砂，沉积物颗粒较细，下层主要为砂质粉砂，沉积物颗粒较粗（张长清、曹华，1998）。控制苏北—南黄海地质格局的断裂主要是北北东向和北西西向两个断裂，其次是NE向和NW向的断裂，这些大规模的深大断裂控制了第三纪晚期以后的沉积作用（王颖，2002）。启东嘴潮滩位于长江北支岸线与江苏海岸线交汇处，在新构造运动上属于长江三角洲持续沉降区，自第三纪开始，启东嘴接受海陆交互相沉积，第四纪海积、冲积亚砂土沉积物厚度呈同心圆向外海逐渐减薄，最大达到250m（单树模等，1980；耿秀山、傅命佐，1988）。

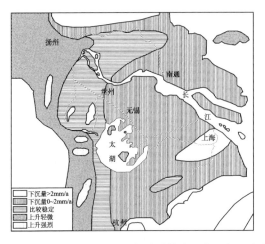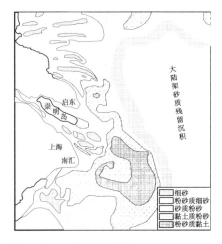

图3-2　长江口现代地质构造（左）与沉积物分布（右）（据赵庆英等，2002）

3.2　水动力条件

1. 潮汐与潮流

启东嘴潮滩位于长江北支口门，口外是正规半日潮，口内是非规则半日潮，平均潮周期为 12h25min。在漏斗状外形和水下浅滩的影响下，潮波变形明显，破碎成涌潮，涌潮出现的频率和潮头高度均日趋增大（陈沈良等，2003a）。近年来，在河口围垦和工程兴建等人类活动的影响下，长江北支河床性质发生显著变化，加速了涌潮从衍生到消失的过程，尤其是深槽水深条件的改善，制约了涌潮的发生，使得青龙港涌潮大为减弱（张静怡等，2007b）。根据长江北支青龙港、三条港和连兴港 3 个水文站的多年实测资料，如表 3-1 所示，在综合考虑河口径流、潮汐和风场的共同作用，北支潮位在空间上表现出从下段向上段逐渐增加的变化趋势，潮差在空间表现出从下段口门向中段，再到上段明显的先增加后减小的变化趋势（李伯昌等，2011；宋永港等，2011）：①从潮位上看，青龙港的最高高潮位、最低低潮位、平均高潮位均比三条港的高；三条港的最高高潮位，最低低潮位、平均高潮位均比又都比连兴港的高。②从潮差上看，多年平均潮差最大的是三条港，为 3.07m；连兴港次之，为 2.94m，青龙港最小，为 2.68m。此外，潮差具有季节变化（宋永港等，2011），一年中出现两次极大值和两次极小值，两次极大值出现在 3 月（农历二月）和 9 月（农历八月），两次极小值出现在 6 月（农历五月）和 12 月（农历十一月）。

表 3-1　长江北支不同岸段的潮汐和潮流特征（李伯昌等，2011）

测站名	最高高潮位/m	最低低潮位/m	平均高潮位/m	平均低潮位/m	最大潮差/m	多年平均潮差/m	最小潮差/m	平均涨潮历时/h	平均落潮历时/h
青龙港	4.68	−2.13	1.88	−0.80	5.05	2.68	0.05	3.10	9.32
三条港	4.57	−2.39	1.89	−1.13	5.63	3.07	0.06	4.90	7.52
连兴港	4.34	−2.38	1.69	−1.25	5.80	2.94	0.09	5.38	7.03

长江北支河口的潮流性质与潮汐相似，口外为规则半日型潮流区，口内为不规则半日潮流区。在运动形式上，口门（拦门沙）外由于海域水面宽广，岛屿较少，以顺时针方向的旋转流居多。进入口门内后，在河槽地形影响下转变为往复流（窦衍光，2007）。在北支入海径流的叠加影响下，落潮流的历时和流速均大于涨潮流（陈吉余等，1988；李华，2009）。根据多年实测资料，如表 3-1 所示，口

门连兴港涨潮历时为 5.38h，落潮历时为 7.03h，历时比为 1.30；中段三条港涨潮历时为 4.90h，落潮历时为 7.52h，历时比为 1.53；上端青龙港涨潮历时为 3.10h，落潮历时为 9.32h，历时比为 3.01。长江北支涨落潮存在明显的不对称性，从下段向上段涨潮历时减小，落潮历时增加，涨潮历时与落潮历时的差值呈现出不断增大的趋势。

2. 波浪

长江口启东嘴潮滩由于地处北亚热带与暖温带过渡区域，季风气候显著。夏季盛行偏南风（东南风），冬季盛行偏北风（西北风）。受季风气候和喇叭形河口地形的影响，长江北支河口的波浪以风浪为主。夏季波浪主要是偏南向的台风浪，南向浪最大频率为 36%，作用时间较短；冬季主要是偏北向的寒潮浪、气旋浪，偏北向海浪总频率为 39%~47%，作用时间较长，波浪能量强（苏育嵩等，1996；许富祥，1996；隋洪波，2003；唐晓辉、王凡，2004）。春秋两季为季风过渡时期，各向频率较为分散，一般没有盛行浪向，且浪级较低，平均波高均在 1.5m 以下，但秋季波浪相对较大，台风时出现强浪。季风的发展和变化过程对海域波浪的变化特征具有决定性影响（苏纪兰，2005），根据在 2006~2007 年间对江苏近岸海域水文气象要素大面积观测的结果表明（何小燕等，2010）：春、夏季有效波高较小，而夏、秋季有效波高近岸海域波高较小，离岸波高则增大。风浪的季节性变化特征引起河口区扩散流的流速，流向在季节性的变化，进而对沉积物来源的季节性变化和潮滩冲淤变化特征产生直接影响。

3. 风暴潮

风暴潮是由大气的强烈扰动（热带气旋、温带气旋等）而引起的海面上升现象，长江口是我国受风暴潮影响较为严重的地区之一（侯京明等，2011）。长江口地区的风暴潮灾害主要是由热带气旋（台风）引起，温带气旋（寒潮）引发的风暴潮相对较少。风暴潮对海洋环境的影响具体表现为风场、潮流场和波浪场等三个方面。据不完全统计，长江口地区年均遭遇台风 2.24 次，风力一般在 6~11 级之间，最大可达 12 级（胡凤彬等，2006）。其中 1997 年 8 月 19 日发生的 11 号台风引起的风暴潮，使得青龙港验潮站的潮位超过多年平均高潮位 3.24m，高达 6.61m（冯凌旋等，2009）。由风暴潮引起的波浪对潮流通道的泥沙运动影响显著。风暴潮导致潮波能量快速集聚，有很强的掀沙和输沙能力，携带的大量泥沙剧烈地改变了河道地形，河床形态需要长时间的水流作用才能逐渐恢复（曹民雄等，2003）。

此外，由于台风发生而引起的增水现象，以及风暴水流等水动力条件对江苏沿岸的辐射沙脊群南翼也有重要影响。当台风来临时，水道的过水量增加，旁蚀能力增强，风暴水流流速增大，因而对地形的蚀淤变化也比常规潮流影响大（王颖，2002）。有两种台风路径造成的增水现象尤为重要（张金善等，2008）：一是台风中心在长江口附近登陆后向西北方向移动，这种路径的台风会造成较大的增水，高度可达 2m 以上；二是台风中心在北纬 35°N 附近前进方向转变为东北方向，并且最终在朝鲜登陆，也会造成较大的增水，江苏沿海地区常见这种台风。当风暴潮和天文大潮叠加时会使水位暴涨，发生特大风暴潮灾害，如 1962 年 8 月 2 日的温黛台风、1989 年 8 月 4 日的 8913 号台风、1996 年 8 月 1 日的 9608 号台风、1997 年 8 月 2 的台风维克托和 2002 年 9 月 7 日 16 的森拉克台风等风暴潮都发生在天文大潮期间。

3.3 潮滩资源与开发利用

3.3.1 潮滩环境特征

长江北支西起崇明岛头，东至连兴港，全长约 78.8km，河口湾表面形态呈喇叭形，上段较为狭窄，最窄处青龙港附近河宽 2.1 km，下段逐渐展宽，口门连兴港处宽达 16km，水道中浅滩众多，下段沙脊与深槽并行，其中东黄瓜沙和西黄瓜沙是最主要的潮流沙脊，在潮流脊的北侧是主槽，南侧是副槽（徐海根，1990）。长江北支河段在整体地貌结构上可分为上、中、下三个区段（贾海林等，2001；茅志昌等，2008）。崇头至青龙港段为上段，该段地貌类型以深槽和沙嘴为主，上宽下窄，平面形态上为呈北东—南西向的倒喇叭形。青龙港至三条港段为中段，该段地貌类型以心滩和汊道为主，平面形态上呈北东—南西向的喇叭形。三条港至北支下口段为下段，潮流沙脊和潮汐水道是主要的地貌类型，水面变得宽阔，河道呈北西西—南东东向。

启东嘴处于长江北支下段连兴港附近，在潮汐和潮流动力作用下，潮流脊和潮汐水道发育，总体上可概括为两沙两槽一沙脊（张志强等，2010）："两沙"指黄瓜沙和顾园沙等两个河口拦门沙；"两槽"指顾园沙南北两侧的两条潮流冲刷槽；"一沙脊"是指顾园沙东北部的一条北西向的沙脊，此外，该区域还存在部分冲刷区和沙波区。随着长江北支河段下泄径流不断减少，潮流作用日趋增强，又由于落潮的流速小于涨潮的流速，导致涨潮时进入的泥沙在落潮时不能全部带走（贾海林等，2001），尤其是苏北浅滩向长江口方向形成的宽约 30km 的混水带，随着涨潮流进入北支沉积，为沙洲、岛屿及沿江、沿海潮滩的发育提供了物质来源

（黄成、张健美，2003），此外，分布广泛的互花米草、大米草、芦苇等植物有显著的促淤作用，共同塑造了长江北支面积广阔的潮滩和粉砂淤泥质海岸。

根据"平均大小潮的高低潮位"等特征潮位值可将潮滩划分为高潮滩、中潮滩、低潮滩。根据盐沼植被覆盖情况，又可将潮滩分为沼泽滩和光滩。高潮滩：沉积物主要为黑色—青灰色的粉砂质黏土和黏土质粉砂，滩面上有发育茂盛的呈连绵片状分布的米草群落、叶苔草群落。中潮滩：沉积物主要为青灰色黏土质粉砂和粉砂，滩面上有斑状分布的蔗草、海三棱蔗草。低潮滩：沉积物主要为粉砂和细砂质粉砂，局部为细砂，颗粒最粗，由于受到河口入海径流的冲刷和搅动，无大型藻类生长，在光泥滩上主要生长盐渍藻类，水下浮游生物和泳游生物十分丰富。潮滩上的地貌类型主要为潮滩微地貌和潮水沟。在潮汐和潮流作用下，形成了纵向和横向两种微地貌形态，如落潮时薄水层在沉积物表面上流动形成的侵蚀痕，波浪作用在沉积物表面形成的波状痕迹，互花米草前缘发育的侵蚀陡坎等。

潮水沟是潮滩最为显著的一级地貌形态，在启东嘴附近分布广泛，主要在潮上带以及潮间带的中上部。由于低潮滩上的水动力比较强烈，冲刷过程较强，在低潮滩上几乎没有潮沟系统，而在高潮滩和中潮滩，植被的存在起到促淤消浪的作用，有利于泥沙堆积，从而有利于潮沟的形成（王金军，2006）。潮水沟受到涨潮流和落潮流双向水流的影响，涨潮后淹没，落潮后干露。潮沟的发育规模差异明显，小型潮沟的长度通常在数十米到数百米之间，宽度一般在 10m 以下，深度不超过 1m。大型潮沟的长度可达数百米至数千米，宽度一般在几十米，深约几米。小潮沟和大潮沟交织在一起呈现出网状格局，众多的潮水沟使潮滩的水动力环境和泥沙运动变得更加复杂，进而影响潮滩的发育和动态演变。

3.3.2　围垦开发利用

长江口启东嘴潮滩在行政区划上隶属江苏省启东市，位于长江北支下段与江苏海岸线的交汇处，拥有江海岸线 203km，江海湿地 4.4 万 hm^2。从 1968~2002 年先后围垦滩地 40 余次，围垦面积达 32km^2，大面积围垦主要是对永隆沙和兴隆沙的围垦，结果导致永隆沙 6m 等深线前沿不断延伸，兴隆沙南槽萎缩加快，兴隆东沙发育加速（刘曦等，2010）。启东嘴是启东市沿海潮滩湿地资源的核心区，该地区的潮滩资源开发始于 20 世纪 50 年代。能够抵御风暴潮灾害的海防公路在 20 世纪 50 年代末期修建后，人类的围垦活动日益强烈，在经济发展的驱动下，1970 年、1989 年、1992 年、2006 年又分别修筑了围垦大堤。在 2000 年，随着"海上启东"建设战略的实施，海洋经济发展步伐不断加快，形成了新一轮沿海滩涂开发热潮（袁雄雷、张建国，2003）。

启东嘴附近潮滩在启东市东南角兴连垦区范围内，规划垦区西连启东寅阳农场，距连兴港约 3km，北接协兴港，老海堤内为寅阳农场，寅兴垦区，兴垦垦区，规划主堤线长 16km，匡围面积 1 万亩。2006 年恒大集团海涂围垦项目落户启东嘴附近潮滩，修建了恒大围垦大堤。根据"深水深用、浅水浅用、港口优先"的原则和"先规划后围垦、先定位后建设"的开发方针，依托沿海现有产业基础和比较优势，促进港口、产业、城镇联动发展成为启东新一轮沿海开发战略抉择。目前已开发项目包括恒大威尼斯水城、新湖圆陀角旅游度假区、圆陀角风景区、黄金海滩等，如图 3-3 所示。

1 太阳湖
2 会展和文化中心区
3 港口码头区
4 居住区
5 长江三角洲公园
6 长江栈桥码头轴线
7 东海栈桥码头轴线
8 黄海栈桥码头轴线
9 恒大项目区
10 长江公园
11 高尔夫公园
12 家庭休闲公园
13 娱乐主题公园
14 湿地公园
15 黄金海滩

图 3-3　启东嘴潮滩资源开发利用规划图

恒大威尼斯水城：位于长江入海口北侧，由恒大集团投资建设，规划用地面积约 9000 亩，规划为集酒店饮食、休闲文化、体育健身、商务会议的超大型综合旅游度假区。

新湖圆陀角旅游度假区：位于长江入海口北侧，由浙江新湖中宝股份有限公司投资建设，规划用地面积 6018 亩，规划为集长江博物馆、商务旅游、休闲娱乐与高档住宅的大型综合度假居住区。

圆陀角风景区：位于启东市寅阳镇圆陀角村，占地 180 亩，始建于 1998 年，这里是全国最早见到日出的地方之一，圆陀角所在地寅阳也因寅时可见到日出而得名。区内主要游览景点有江堤达标纪念碑、大禹像、寅阳楼等。

黄金海滩：位于启东市寅阳镇东侧，省道 336 线的最东端，规划用地面积约 2000 亩。东临黄海，作为海滩湿地风景区，拥有江苏沿海最难得的优质铁板沙资源，开发价值和发展潜力巨大。景区内部建设有游客服务中心、汽车露营基地、沙滩运动区、海滩休息区、踩文蛤区和海滩烧烤区六大功能区域。

在自然状态下，长江北支海岸潮滩滩地宽度较大，坡度较小，在 0.1% 左右。在无人为活动强烈干扰下，潮滩的发育会形成完整的潮滩沉积相序，上部是泥质沉积，下部是砂质沉积，从高潮滩到低潮滩沉积物的含泥量逐渐减少，粒度逐渐增大（郑宗生，2007）。近年来，由于大面积、高强度的围垦以及新海堤建设，潮上带面积越来越小，大部分岸段已无原生潮上带，此外，潮间带的面积也受到人工围垦的威胁，恒大岸段堤外和圆陀角风景区堤外原生潮滩湿地景观已完全消失。人类对潮滩资源的围垦活动不断加强，造成海岸线在近 50 年来向海推进了约 6km，潮滩沉积环境也随之发生显著变化。一方面，潮间带上部的盐沼因为大规模的围垦而发生退化，导致海岸湿地的面积大大减少，植被和底栖动物生境也随之发生显著变化。另一方面，建设的围垦大堤增强了水动力（波浪、潮流和沿岸流等）对沿岸堤坝的侵蚀能力，使得适应高能环境的粗颗粒泥沙得以沉积（张忍顺等，2002；夏华永等，2006；杜鹏等，2008）。

第4章 沉积特征及沉积速率

4.1 样品采集与实验分析

4.1.1 沉积物样品采集

为分析潮滩沉积特征和物质来源，进行了多次野外实地考察。在综合考虑自然环境特征与人类活动的前提下，在长江口启东嘴附近潮滩选取了多个不同特征剖面进行了样品的采集，包括旱作物农业耕作区、互花米草盐沼保护区，围垦大堤内未开发的盐碱地，围垦大堤外的潮间带光滩。2011年8月野外调查时，采用重力取样器采集了4个柱状沉积物，采样点位置，如图4-1所示。这些柱样沉积物分别代表了人类围垦活动下的不同历史时期，具有一定的代表性，可以满足对人类活动影响下的沉积特征和物质来源研究的需要。

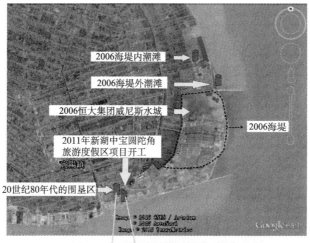

图 4-1 沉积物样品采集站位图

采样器是荷兰 Eijkelkamp 公司生产的半圆形便捷式手持钻，使用尼龙锤击打半圆状采样器向下缓慢推进，避免了岩心沉积物的压缩变形。采样点经纬度坐标利用手持 GPS 导航仪精确测定。按照样品采集的时间顺序，分别编号 YTJ-1、YTJ-2、YTJ-3、YTJ-4。样品采集后，用刮刀轻轻除去表层碎屑，现场对沉积岩心进行了特征描述、拍照和分样。为防止样品受到损失和污染，分样后，立即装进聚乙烯封塑袋内，最后放入冷藏箱中，密封并运回实验室内供实验测试使用。选择的样品采集地点的地理位置和周边环境特征能够有效地满足潮滩沉积特征和物质来源变化研究工作要求，具有典型性和代表性。

柱状沉积物样品采集与周边环境特征，如表 4-1 所示。根据野外调查和到相关部门咨询，柱样沉积物 YTJ-1 位于海防公路（1958 年）与 1970 年大堤之间的旱作物农田耕作区，土壤耕作层深达 50cm。海防公路修建于 1958 年，目的是抵御风暴潮灾害。在 1970 年大堤建设前，柱样沉积物 YTJ-1 处于自然淤长过程；在 1970 年大堤建设后，该区域完全变为陆地环境。该区域属于亚热带湿润气候区，季风气候十分典型，雨量丰沛，土壤在雨水的淋溶下处于自然脱盐化过程。改革开放后，农村实行包产到户，1982 年确立的家庭联产承包责任制，改变了原来的经营管理体制，农村生产力得到完全解放，极大地调动了农民群众的生产经营的积极性。海防公路（1958 年）与 1970 年大堤之间的区域，被开垦成农田，开挖了多条沟渠，目的是为了进一步洗盐，以便土壤能够从事农作物农业生产活动。

表 4-1　柱状沉积物的样品采集与周边环境特征

岩心	时间	坐标	长度/cm	分样编号	周边环境
YTJ-1	20110809	31°41′55.56″N 121°53′37.98″E	300	YTJ-1-01～YTJ-1-60	海防公路与1970年大堤之间的旱作物农田耕作区，半圆形柱状采样器取得，5cm间隔分样
YTJ-2	20110810	31°46′45.66″N 121°54′22.08″E	190	YTJ-2-01～YTJ-2-38	恒大集团2006年围垦大堤内侧，挖开剖面取得，5cm间隔分样
YTJ-3	20110811	31°41′49.44″N 121°53′08.40″E	215	YTJ-3-01～YTJ-3-43	互花米草盐沼滩内，半圆形柱状采样器取得，5cm间隔分样
YTJ-4	20110811	31°44′16.4″N 121°56′08.40″E	86	YTJ-4-01～YTJ-4-43	恒大集团2006年围垦大堤外侧，半圆形柱状采样器取得，2cm间隔分样

柱样沉积物 YTJ-2 位于 1992 年围垦大堤与恒大集团 2006 年围垦大堤之间，主要是盐碱地，还没有进行开发利用，也就是说，柱样沉积物 YTJ-2 还没有受到人类活动的直接干预。但是由于围垦建堤会改变海岸的动力环境，可能受到围垦建堤人类活动的间接影响。柱样沉积物 YTJ-3 位于 1989 年大堤外侧的互花米草盐沼滩内，虽然 2011 年在其外围又新建了大堤，但是互花米草盐沼湿地还保持着原始的自然状态。柱样沉积物 YTJ-4 位于恒大集团 2006 年围垦大堤外侧的潮间带光滩，柱样沉积物 YTJ-3 和 YTJ-4 没有受到人类活动的直接干扰。

4.1.2　沉积物实验分析

1. 粒度分析

采用激光粒度法对沉积物样品进行粒度分析和测试，粒径分级间距为 0.25Φ，仪器为英国马尔文公司（Malvern）生产的 Mastersizer 2000 型激光粒度仪，测试范围为 0.02～2000μm，重复性误差小于 3%。沉积物样品粒度分析和测试的基本流程如下（王德杰等，2003）：①取样：根据沉积物颗粒大小，对混合均匀的沉积物样品适量取样，一般黏土质粉砂或粉砂质黏土等细粒沉积物取 0.1～0.2g，以细砂和粉砂为主的沉积物取 0.3～0.4g，以中粗砂为主的沉积物取 0.5～0.6g。将取好样的沉积物放入 100mL 小烧杯中待处理。②去除有机质：对烧杯中的样品加入适量 10%浓度的过氧化氢（H_2O_2）溶液，静置反应 24h，直到不再产生气泡，如果仍有气泡产生，则再加入适量双氧水直到完全没有反应，用吸管将上层清液去除。③去除钙质胶结物和生物壳体：对烧杯中的样品加入适量 10%浓度的盐酸，静置反应 24h，直到不再产生气泡，肉眼无法见到碎屑贝壳为宜，用吸管将上层清液去除。④对烧杯中的样品加入适量 0.5mol/L 浓度的六偏磷酸钠（$NaPO_3$）$_6$，对样品进行充分的分散，静置 24h 后以备上机测试。⑤测试：第一，用蒸馏水将仪器清洗 3～5 遍，以清除仪器内的残留物；第二，在测量烧杯中注入 800mL 的分散剂（蒸馏水）后，开启仪器测试背景值；第三，将混合均匀的样品加入测量烧杯中，超声波震荡 30s 后，以形成均匀的悬浊液；第四，当遮光度（即浓度）保持在测试范围内时（10%～20%），对样品进行测试，整个测试过程由 Malvern 公司提供的 Malvern Instruments 2000 版本的软件进行全程控制，测试完成后，仪器自动输出并保存样品各粒级的百分比数据。

2. 测年分析

沉积物样品的测年分析，采用放射性核素 [137]Cs 时标计年法，所用仪器为美国 ORTEC 公司生产的 GMX30P-A 高纯 Ge 同轴探测器。加拿大贝德福（Bedford）海洋研究所提供了实验分析所需要的标准源样品，标准源样品的 ^{137}Cs 比活度为 0.737 Bq/g，参考时间是 2009 年 9 月 1 日。沉积物样品处理和测试的基本流程如下（Tsabaris et al., 2007, 2012）。①取样：首先，用玛瑙研钵将真空冷冻干燥后的沉积物样品磨至粉末状并搅拌均匀；然后，用电子天平（精度达到 0.001g）称取样品 40g 左右，放入专用杯中，摇晃均匀使杯中样品的表层较为平整。②测试：将样品放入铅室内，由探测器直接测量样品 ^{137}Cs 强度，测量时间一般为 72000s 左右。铅室壁由厚 5mm 的有机玻璃、厚 3mm 的铜、厚 120mm 的铅三层组成。整个测试过程由与仪器配套的 Gamma Vision 谱分析软件进行全程控制，测量完成后，需要根据得到的 γ 射线 661.62 keV 处的能量峰值面积，可计算出各个样品的 ^{137}Cs 比活度值，单位为 Bq/g。

3. 元素分析

沉积物样品的元素分析，采用电感耦合等离子体质谱法（HR-ICP-MS），所用仪器为德国菲尼根玛特（Finnigan MAT）公司生产的高分辨率 ELEMENT 2 型等离子质谱仪。沉积物样品元素分析的处理和测试的基本流程如下（高剑峰等，2003）。①取样：将真空冷冻干燥后的沉积物样品，用精度为 0.001g 的电子天平称取混合均匀的样品 0.5g，用玛瑙研钵磨至 200 目以下，放入微波消解罐的专用杯中。②处理：首先，加入少量蒸馏水使沉积物样品变得湿润后，加入适量的氢氟酸（HF）和硝酸（HNO_3）反复加热蒸干至湿盐状，经过酸溶法消解后，直至硝化液不再出现残留的白色或黑色残渣；然后，用 5mL 30%（V/V）的硝酸溶液（HNO_3）提取残渣，加入 1mL 500mg/mL 的 Rh 内标溶液稀释到 50mL 备测。③测试：打开操作软件进行必要的参数设置，如表 4-2 所示；然后建立标准文件、内标文件和测量次序文件后，最后对样品中的稀土元素进行测量并输出结果。

表 4-2 地球化学元素等离子体质谱法分析的工作条件（高剑峰等，2003）

参数	设置值	参数	设置值
抽取电压	−2000V	功率	1280W
冷却气	14.5L/min	反射功率	< 2W
辅助气	0.8L/min	聚焦电压	−890V
样品载气	0.85L/min	每个质量数采样点	15
偏转电压	−0.54%	分辨率	300, 4000, 10000

4. 矿物分析

沉积物样品的矿物分析，采用粉晶 X 射线衍射法，所用仪器为日本理学公司生产的 D/MAX-3A 型自动 X 射线衍射仪。沉积物样品矿物分析的处理和测试的基本流程如下（廖立兵等，2007）。①取样：将经过真空冷冻干燥后的沉积物样品，用精度为 0.001g 的电子天平称取混合均匀的样品 5g，用玛瑙研钵磨至 200 目以下，放入专用杯中。②分离提取：依据《海洋调查规范》GB/T 13909-92，加入蒸馏水充分洗涤搅拌成悬浮液，根据斯托克斯沉降定律（Stokes Law）提取出 < 2μm 粒级的黏土组分，利用比重 2.89g/cm^3 的三溴甲烷重液（CHBr$_3$）分离出 63～125μm 粒级的碎屑轻矿物。③定向载玻片制作：制作自然饱和定向片（N 片）进行 X 射线扫描；然后，置于含乙二醇饱和蒸汽的干燥器中制成乙二醇饱和片（EG 片）进行 X 射线衍射分析；最后，加热至 550℃ 并恒温冷却制成加热片（T 片）进行 X 射线衍射分析。

4.2　沉积物岩心与粒度特征

4.2.1　粒度分级和参数计算

沉积物粒级是指，用某种方法（如筛分法、沉降法、激光粒度法等）将粒度范围宽的颗粒群分成粒度范围窄的若干级别。粒径分级是进行粒度参数计算的前提条件，如表 4-3 所示，列出了粒径分级的不同划分标准。

表 4-3　沉积物粒度分级的不同标准（Blott and Pye, 2001）

粒级划分		粒级描述术语		
Φ 值	mm/μm	Udden（1954）and Wentworth（1922）	Friedman and Sanders（1978）	Blott and Pye（2001）
−11	2048mm	巨砾	极大漂石	漂石
−10	1024		大漂石	极大漂石	
−9	512		中漂石	大漂石	
−8	256		小漂石	中漂石	
−7	128		大卵石	小漂石	
			小卵石	极细漂石	

续表

粒级划分		粒级描述术语			
Φ 值	mm/μm	Udden（1954）and Wentworth（1922）	Friedman and Sanders（1978）	Blott and Pye（2001）	
−6	64		巨砾	巨砾	砾
−5	32	中砾	粗砾	粗砾	砾
−4	16	中砾	中砾	中砾	砾
−3	8	中砾	细砾石	细砾	砾
−2	4	细砾	极细砾	极细砾	砾
−1	2	极粗砂	极粗砂	极粗砂	砂
0	1	粗砂	粗砂	粗砂	砂
1	500μm	中砂	中砂	中砂	砂
2	250	细砂	细砂	细砂	砂
3	125	极细砂	极细砂	极细砂	砂
4	63	粉砂	极粗粉砂	极粗粉砂	粉砂
5	31	粉砂	粗粉砂	粗粉砂	粉砂
6	16	粉砂	中粉砂	中粉砂	粉砂
7	8	粉砂	细粉砂	细粉砂	粉砂
8	4	粉砂	极细粉砂	极细粉砂	粉砂
9	2	黏土	黏土	黏土	

目前，应用最广泛的是尤登-温德华氏（Udden-Wentworth scale）提出的粒径分级法。该方法采用等比制 Φ 值粒级标准，以 1mm 为基本粒径单位，其他粒径通过乘以或除以 2 来得到，转换公式为

$$\Phi = -\log_2 D \tag{4-1}$$

式中，D 为毫米直径值。使用对数刻度法将 mm 单位转化成 Φ 单位来表示粒径，各种 mm 刻度使用 Φ 的整数形式来划分，避免了使用大量的小数来描述细小的粉砂和淤泥质沉积物（杨世伦,2003）。

计算沉积物粒度参数的方法主要两种，一是图解法（Folk and Ward, 1957），二是矩值法（McManus, 1988），前者反映的是样品的个体特征，后者反映的是样品的总体特征。沉积物样品的粒度参数主要是采用的 McManus 矩值法，包括平均粒径（Mz）、分选系数（Sd）、偏态（Sk）和峰态（Ku）四个参数，实际计算过程利用 Blott 和 Pye 编写的 GRADISTAT program 程序对粒度参数进行批量计算（Blott and Pye,2001）。计算公式如下：

$$平均粒径：\mathrm{Mz} = \frac{1}{100} \sum_{i=1}^{n} x_i f_i \tag{4-2}$$

$$分选系数：\mathrm{Sd} = \sqrt{\sum_{i=1}^{n} (x_i - \mathrm{Mz})^2 f_i / 100} \tag{4-3}$$

$$偏态：\mathrm{Sk} = \frac{1}{100} \sum_{i=1}^{n} (x_i - \mathrm{Mz})^3 f_i / \mathrm{Sd}^3 \tag{4-4}$$

$$峰态：\mathrm{Ku} = \frac{1}{100} \sum_{i=1}^{n} (x_i - \mathrm{Mz})^4 f_i / \mathrm{Sd}^4 \tag{4-5}$$

式中，Mz 为平均粒径，Sd 为分选系数（标准偏差），Sk 为偏态，Ku 为峰态；x_i 为各粒级组的中值（以 Φ 制单位表示），f_i 为各粒级组的频率百分数。

沉积物颗粒的平均粒径、分选系数、偏度和峰度等粒度参数是粒度分布特征的基本统计量，粒度参数的分级与定性描述语，如表 4-4 所示，这能够说明粒度分布的基本特征（贾建军等，2002；李志亮、杜小如，2008；卢连战、史正涛，2010）。

平均粒径（Mz）和中值粒径（Md）：一般用来解释沉积物大小粒径分布的中心趋势，反映了沉积物沉积时的平均动能情况。较粗的沉积物颗粒反映了高能沉积环境，沉积时水动力条件比较强；较细的沉积物颗粒反映了低能沉积环境，沉积时水动力条件比较弱。

分选系数（Sd）：一般用来解释沉积物颗粒大小分选分布的均匀程度，反映

了沉积环境的动力条件和沉积物的物质来源。一般情况下，分选系数的数值小代表分选较好，主要数值区间内粒径较为突出，百分含量高，沉积水动力稳定、物质来源单一；分选系数的数值大代表分选较差，主要数值区间内粒径不突出，百分含量低，沉积水动力波动复杂、物质来源多样。

表4-4　沉积物基于矩值法的粒度参数分级和定性术语（贾建军等，2002）

分选系数分级与定性术语		偏态分级与定性术语		峰态分级与定性术语	
定性术语	分选系数值	定性术语	偏态值	定性术语	峰态值
极好	< 0.35	极负偏	< −1.50	非常窄	< 0.72
好	0.35 ~ 0.50	负偏	−1.50 ~ −0.33	很窄	0.72 ~ 1.03
较好	0.50 ~ 0.71	近对称	−0.33 ~ 0.33	中等	1.03 ~ 1.42
中等	0.71 ~ 1.00	正偏	0.33 ~ 1.50	宽	1.42 ~ 2.75
较差	1.00 ~ 2.00	极正偏	> 1.50	很宽	2.75 ~ 4.50
差	2.00 ~ 4.00			非常宽	> 4.50
极差	> 4.00				

偏态（Sk）：一般用来解释沉积物颗粒大小正态分布的对称程度，反映了沉积过程中水动力条件的变异。根据沉积物的频率分布形态可分为：对称正态，偏态的数值等于零，即中值和平均粒径相同，说明沉积物分选好；正偏态，偏态的数值大于零，即中值粒径大于平均粒径，说明沉积物以粗组分为主，分选性较差；负偏态，偏态的数值小于零，即中值粒径小于平均粒径，说明沉积物以细组分为主，分选性较差。

峰态（Ku）：一般用来解释粒度分布曲线的尖锐或者钝圆程度，反映了沉积物的物质来源情况。峰态如果比较窄说明沉积物的物源区比较单一，峰态如果比较宽说明沉积物物源区比较复杂或者受多个因素的共同影响。

4.2.2　沉积物岩性特征

柱样沉积物样品的采集，所使用的仪器为半圆形便捷式重力采样器，由荷兰Eijkelkamp 公司生产。柱样岩心采集后对表层可能污染的部分使用刮刀进行了清除，随后对岩性特征进行了描述，分样后装入样品专用袋。如图 4-2 所示，柱样YTJ-1、YTJ-2、YTJ-3 沉积物基本以灰色或暗棕色的黏土质粉砂和砂质粉砂为主。整个剖面分层现象明显，完好地保存了潮滩发育过程的沉积层序，伴有不同粒径、成分、颜色的纹层交替出现的水平韵律层理，其中，柱样 YTJ-2、YTJ-3 沉积物的剖面的局部部位有薄层细砂夹层和贝壳碎。柱样 YTJ-4 沉积物整个剖面分层现象不明显，基本为砂。

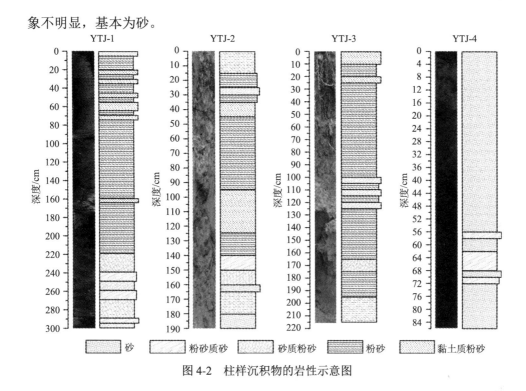

图 4-2 柱样沉积物的岩性示意图

1. 柱样沉积物 YTJ-1 岩性特征

柱样沉积物 YTJ-1 长 300cm，位于海防公路与 1970 年大堤之间的旱作物农业耕作区。整体上韵律层理明显，上部多植物根系。根据现场描述，柱样沉积物 YTJ-1 可划分为 4 层，各层岩性特征如下：①0～50cm 为耕作土，以泥为主，褐黄颜色，根系密集；②50～55cm 为灰色粉砂；③50～145cm 垂直剖面上具有粗—细—粗的变化规律，灰色与暗棕色的黏土质粉砂、粉砂和砂质粉砂的互层，具有明显的沉积韵律，反映了沉积时所处的剖面及能量变化情况；④145cm 以下整体呈现黑色，显示还原环境。

2. 柱样沉积物 YTJ-2 岩性特征

柱样沉积物 YTJ-2 长 190cm，位于恒大集团 2006 年大堤内侧附近。整体上韵律层理明显，上部植物根系密集，中下部贝壳层碎屑。根据现场描述，柱样沉积物 YTJ-2 可划分为 3 层，各层岩性特征如下：①0～80cm 为暗棕色的砂质粉砂和黏土质粉砂，其中 40～80cm 为根系层，根系密集；②90～190cm 为橄榄灰色砂质粉砂，其中 90cm 处贝壳富集，形成明显的贝壳沉积层；③180～190cm 处贝壳富集也很显著，可能为风暴沉积的产物。

3. 柱样沉积物 YTJ-3 岩性特征

柱样沉积物 YTJ-3 长 215cm，位于盐沼湿地保护区内的互花米草滩内。整体上韵律层理显著，上部植物根系密集，中下部含贝壳碎屑富集层。根据现场描述，柱样沉积物 YTJ-3 可划分为 6 层，各层岩性特征如下：①0～30cm 为暗棕色的互花米草根系层；②30～50cm 为灰色的含根系层；③50～70cm 为棕色的含根系层，植物的根系比较细小；④70～100cm 为灰色的砂质粉砂，含有贝壳碎片；⑤100～120cm 为青灰色的粉砂；⑥120～215cm 为暗棕色泥层，中间夹杂青灰色砂层，含有贝壳碎片。多个贝壳碎屑沉积层的出现，可能受到风暴潮的强烈影响，为风暴沉积的产物。

4. 柱样沉积物 YTJ-4 岩性特征

柱样沉积物 YTJ-4 长 86cm，位于恒大集团 2006 年大堤外侧，互花米草区前缘潮水沟附近。根据现场描述，柱样沉积物 YTJ-4 可划分为 2 层：①0～30cm，几乎是砂，岩性没有变化；②30cm 以下有淤泥，为粉砂质黏土。

4.2.3　沉积物粒度特征

1. 柱样沉积物 YTJ-1 物质组成与粒度参数

根据 Uddon-Wentorth 的粒级划分将沉积物分为砂（> 63μm）、粉砂（4～63μm）和黏土（< 4μm）三种类型，采用谢帕德（Shepard）的沉积物分类法（Shepard,1954），绘制了柱样沉积物 YTJ-1 的三角形分类图解，如图 4-3 所示。结果表明，YTJ-1 的沉积物组分主要为粉砂，其次为砂质粉砂和黏土质粉砂，含较少量的粉砂质砂。粉砂的平均含量为 71.2%，在 40.6%～84.7%变动；砂的平均含量为 15.7%，在 0.1%～54.8%变动；黏土的平均含量为 12.9%，在 3.8%～30.6%变动。整个剖面粒度组分变化表现为粉砂、黏土的含量呈增长趋势，由底层到表层分别从 60.2%、6.9%增加到 71.8%、20.3%；砂的含量呈减少趋势，由底层的 32.9%减少到表层的 21.3%。

根据 McManus 的矩值法计算了柱样沉积物 YTJ-1 的粒度参数，并绘制了垂向分布图，如图 4-4 所示。平均粒径的变化范围为 4.136～7.283Φ，平均值为 5.728Φ；中值粒径的变化范围是为 3.848～7.173Φ，平均值为 5.384Φ。平均粒径和中值粒径的变化趋势较为一致，由底部向上均呈现出由小到大的变化趋势，即沉积物颗粒由粗变细，表明随着沉积动力环境逐渐稳定，潮滩不断淤涨并逐步达

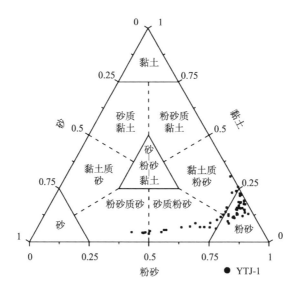

图 4-3 柱样沉积物 YTJ-1 的三角分类图解

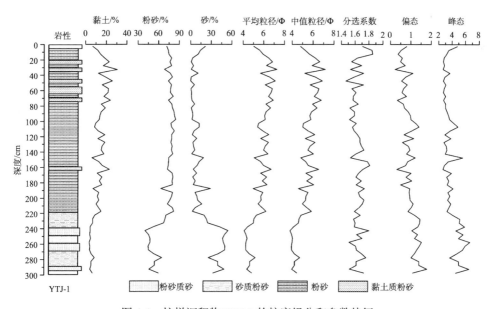

图 4-4 柱样沉积物 YTJ-1 的粒度组分和参数特征

到滩面平衡，反映了潮滩沉积的一般规律。但是在上部深度 32.5cm 以上，由于砂含量增加，平均粒径和中值粒径的 Φ 值变小，沉积物出现粗化，可能反映了人类

活动的影响。分选系数在 1.465～1.854 范围内变动，分选性较差，说明沉积水动力波动复杂、物质来源多样。偏态和峰态有相似的变化趋势，偏态变化范围为 0.219～1.806，平均值为 0.947，为正偏—极正偏，沉积物以粗组分为主，分选性较差；峰态变化范围为 2.644～6.683，平均值为 3.843，峰态为很宽，说明沉积泥沙可能有几个不同来源或者受多个因素综合影响。

2. 柱样沉积物 YTJ-2 物质组成与粒度参数

根据沉积物类型的谢帕德（Shepard）分类法，绘制了柱样沉积物 YTJ-2 的三角形分类图解，如图 4-5 所示。结果表明，YTJ-2 的沉积物组分主要为粉砂，其次为砂质粉砂和黏土质粉砂，含较少量的粉砂质砂和砂。粉砂的平均含量为 62.9%，在 5.1%～80.8%变动；砂的平均含量为 22.2%，在 0.3%～94.5%；黏土的平均含量为 14.9%，在 0.3%～31.6%。整个剖面粒度组分变化表现为粉砂和黏土含量的变化趋势一致，从底层到表层逐渐增加，分别从 5.1%、0.3%增加到 58.0%、11.9%；砂含量的变化趋势相反，呈减少趋势，从底层的 94.5%减少到表层的 30.1%。

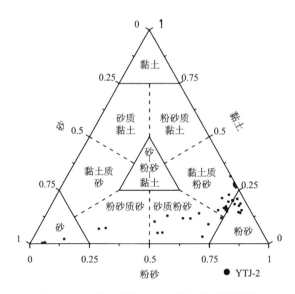

图 4-5　柱样沉积物 YTJ-2 的三角分类图解

根据 McManus 的矩值法计算了柱样沉积物 YTJ-2 的粒度参数，并绘制了垂向分布图，如图 4-6 所示。平均粒径的变化范围是 2.400～7.418Φ，平均值为 5.657Φ；中值粒径的变化范围是 2.207～7.282Φ，平均值为 5.378Φ。平均粒径和中值粒径的变化趋势较为一致，由底部向上均呈现出由小到大的变化趋势，即沉积物颗粒由粗变细，表明随着沉积动力环境逐渐稳定，潮滩不断淤涨并逐步达到滩面平衡，反映了潮滩沉积的一般规律。但是在上部深度 37.5cm 以上，由于砂含量增加，平均粒径和中值粒径的 Φ 值变小，沉积物出现粗化，可能反映了人类活动的影响。分选系数在 0.972～2.262 范围内变动，分选性较差，说明沉积水动力波动复杂、物质来源多样。偏态和峰态有相似的变化趋势，偏态变化范围为−0.252～2.661，平均值为 0.752，表现为正偏—极正偏，沉积物以颗粒较粗的粗组分为主；峰态变化范围为 2.565～13.338，平均值为 4.026，底部向上到 157.5cm 处，波动很大，再向上直到顶部变化趋势基本稳定，峰态为很宽—非常宽，说明沉积泥沙可能有几个不同来源或者受多种因素综合影响。

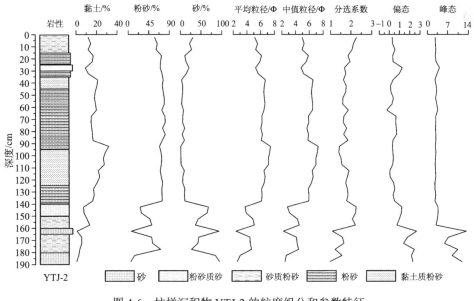

图 4-6　柱样沉积物 YTJ-2 的粒度组分和参数特征

3. 柱样沉积物 YTJ-3 物质组成与粒度参数

根据沉积物类型的谢帕德（Shepard）分类法，绘制了柱样沉积物 YTJ-3 的三角形分类图解，如图 4-7 所示。结果表明，YTJ-3 的沉积物类型主要为黏土质粉砂、粉砂、砂质粉砂。粉砂的平均含量为 73.3%，在 59.6%～81.0% 变动；砂的平均含量为 13.8%，在 2.8%～35.7% 变动；黏土的平均含量为 12.9%，在 4.7%～23.2% 变动。整个剖面粒度组分的表现为粉砂和黏土含量的变化趋势一致，从底层到表层逐渐增加，分别从 68.9%、6.6% 增加到 75.4%、20.3%；砂含量的变化趋势相反，呈减少趋势，从底层的 24.5% 减少到表层的 4.3%。

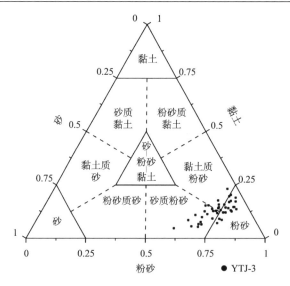

图 4-7　柱样沉积物 YTJ-3 的三角分类图解

根据 McManus 的矩值法计算了柱样沉积物 YTJ-3 的粒度参数，并绘制了垂向分布图，如图 4-8 所示。平均粒径的变化范围是 4.600～6.833Φ，平均值为 5.733Φ；中值粒径在 4.296～6.800Φ 范围内变化，平均值为 5.386Φ。平均粒径的变化趋势与中值粒径极为相似，由底部向上均呈由小到大的变化趋势，即沉积物颗粒逐

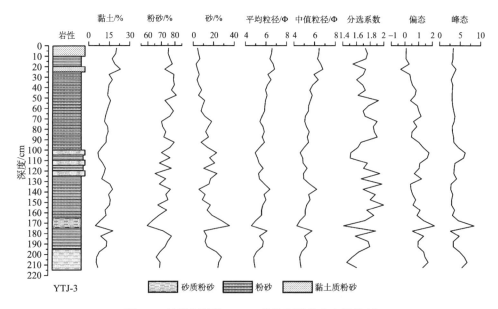

图 4-8　柱样沉积物 YTJ-3 的粒度组分和参数特征

渐变细，表明随着沉积动力环境逐渐稳定，潮滩不断淤涨并逐步达到滩面平衡，反映了潮滩沉积的一般规律。分选系数在1.413～1.998范围内变动，分选性较差，说明沉积水动力波动复杂、物质来源多样。偏态的变化趋势和峰态极为相似，偏态在–0.316～2.176范围内变动，平均值为0.862，表现为正偏—极正偏，沉积物以粗组分为主；峰态变化范围为2.639～8.428，平均值为3.847，峰态为很宽—非常宽，说明泥沙的沉积动力环境较为复杂。

4. 柱样沉积物 YTJ-4 物质组成与粒度参数

根据沉积物类型的谢帕德（Shepard）分类法，绘制了柱样沉积物YTJ-4的三角形分类图和垂向分布图，如图4-9所示。结果表明，YTJ-4的沉积物类型主要为砂，少部分的沉积物颗粒含有相对较细的粉砂质砂。砂的变化范围在67.6%～100%，平均含量高达92.9%；粉砂含量很少，在2.5%～28.5%，平均含量为6.7%。几乎不含黏土，在36cm以下，仅个别深度含少量黏土，变化范围在0%～3.8%，平均含量为0.7%。

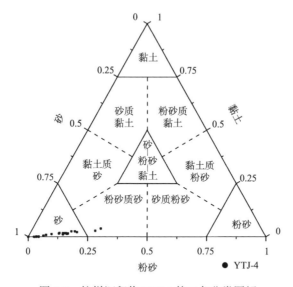

图4-9 柱样沉积物 YTJ-4 的三角分类图解

根据 McManus 的矩值法计算了柱样 YTJ-4 沉积物的粒度参数，并绘制了垂向分布图，如图4-10所示。平均粒径的变化范围是1.796～3.408Φ，平均值为2.354Φ；中值粒径的变化范围是1.989～3.065Φ，平均值为2.180Φ。平均粒径和中值粒径的变化趋势较为一致，由底部向上均呈由大到小的变化趋势，即沉积物颗粒逐渐变粗，表明随着沉积动力环境不断增强，由于柱样 YTJ-4 位于围垦大堤外侧，可能受到人类活动的影响。分选系数的变化范围是 0.444～2.051，属中等分选。偏态的变化趋势和峰态极为相似，偏态在–1.522～3.457 范围内变动，平均值为1.166，除上部个别负偏外，其他均为正偏—极正偏，沉积物以粗组分为主；峰态在 2.439～19.307 范围内变动，平均值为 6.310，峰态属很宽—非常宽，说明泥沙的沉积动力环境较为复杂。

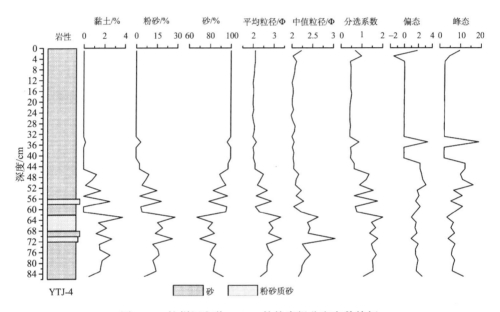

图 4-10　柱样沉积物 YTJ-4 的粒度组分和参数特征

4.2.4　小结

（1）根据野外现场描述的沉积物岩性特征，柱样 YTJ-1、YTJ-2、YTJ-3 沉积物的剖面分层现象明显，伴有不同粒径、成分、颜色的纹层交替出现的水平层理，局部有薄层细砂夹层和贝壳碎。柱样沉积物 YJT-4 的剖面分层现象不明显，基本为砂，岩性没有变化。

（2）柱样 YTJ-1、YTJ-2、YTJ-3 的沉积物基本一致，主要为黏土质粉砂、粉砂、砂质粉砂。整体上表现为由下向上逐渐变细的特征，其中 YTJ-1、YTJ-2 在表层有变粗的趋势。在下部都表现出较大的变形，沉积物具有粗细旋回变化的特征，尤其是 YTJ-1 在 147.5cm、187.5cm、242.5cm 处；YTJ-2 在 142.5cm、162.5cm 处、YTJ-3 在 172.5cm 处出现多个明显变细和变粗的跃层，说明沉积物质来源和沉积动力环境复杂。

（3）柱样 YTJ-4 的沉积物基本为砂，含有少量的粉砂质砂，由下向上，沉积物不断变粗，在深度 41cm 以上砂含量达 100%。

4.3　核素 ^{137}Cs 时标与沉积速率

4.3.1　放射性核素 ^{137}Cs 时标计年原理

沉积物中的放射性核素 ^{137}Cs 的半衰期为 30.2 年，是由人类活动而产生，主要来源于大气核试验和核反应堆的核泄漏（Wise, 1980）。核素 ^{137}Cs 计年原理是以沉积物垂直剖面中蓄积的比活度峰的位置作为时标，自 Krishnaswamy 等（1971）提出 ^{137}Cs 时标计年法以来，^{137}Cs 测年已被广泛用于湖泊、河流和海洋的现代沉积速率研究。放射性核素 ^{137}Cs 自 1945 年第一次核爆炸后，才开始通过大气扩散沉降到地表和海洋环境中，并为泥沙颗粒所吸附沉积（Mccall et al., 1984）。美国和苏联在 20 世纪 50 年代初进行了大量的热核试验，导致大气层中的 ^{137}Cs 浓度快速上升，全球范围内 ^{137}Cs 可检测到的最早年份为 1954 年（Rowan et al., 1993）。全球大气层核试验集中在 1961～1963 年，因此最大峰值的 ^{137}Cs 沉降量出现在 1963年（Callaway et al., 1996）。美国、英国和苏联于 1963 年 8 月签订了《部分禁止核试验条约》（Limited Test Ban Treaty），大规模的大气核实验至此结束。但是非条约国家在 20 世纪 70 年代初又进行了热核试验，在 1971 和 1974 年产生又一个相对集中的 ^{137}Cs 沉积，沉积物的沉降峰值层位应为 1975 年（Ritchie and McHenry, 1990）。苏联的切尔诺贝利（Chernobyl）核电站，在 1986 年发生的核泄漏事故非常严重，深深影响了北半球的 ^{137}Cs 沉降量，在沉积物剖面上有明显的蓄积峰值（Cambray et al., 1987）。因此，根据核试验和核泄漏情况，沉积物中的 ^{137}Cs 计年时标自下而上分别为 1954 年、1963 年、1974 / 1975 年和 1986 年，其中 1954 年时标由于年代较远已难以识别。

4.3.2　放射性核素 ^{137}Cs 沉积速率计算

利用放射性核素 ^{137}Cs 来计算现代沉积速率的原理是根据 ^{137}Cs 蓄积峰出现的沉积厚度位置来确定时标，估算不同时段内沉积物的平均沉积厚度。根据 ^{137}Cs 在 γ 射线 661.62keV 处能量峰值的面积数据，利用相对法可计算出 ^{137}Cs 放射性比活度（Suseno and Prihatiningsih, 2014），计算公式如下：

$$Q_x = \frac{A_x}{A_0} \times \frac{m_0}{A_x} \times \frac{t_x}{t_0} \times Q_0 \qquad (4\text{-}6)$$

式中，Q_0 是放射性核素 ^{137}Cs 标准源样品的比活度，单位是 Bq/kg；A_0 是标准源样品的计数面积，单位是 NA；m_0 是标准源样品的质量，单位是 g；t_0 是标准源样品的计数时间，单位是 s。Q_x 是待测试沉积物样品的 ^{137}Cs 的比活度，单位是 Bq/kg；A_x 是待测沉积物样品的计数面积，单位是 NA；m_x 是待测沉积物样品的质量，单位是 g；t_x 是待测沉积物样品的计数时间，单位是 s。

然后，根据 ^{137}Cs 沉积剖面上放射性比活度的蓄积峰位置的相对厚度，并结合确定的可能时标和采样日期，可估算一个阶段的平均沉积速率（Tsabaris et al., 2012），计算公式如下：

$$V_1 = d_1 / (t_0 - 1963) \tag{4-7}$$

$$V_2 = d_2 / (t_0 - 1986) \tag{4-8}$$

式中，V_1 和 V_2 为沉积物在某时间段的平均沉积速率，单位为 cm/a；d_1 和 d_2 为放射性核素 ^{137}Cs 的蓄积峰值时标所对应的深度，单位为 cm；t_0 为沉积物样品的采集时间。

根据放射性核素 ^{137}Cs 的时标计年法来分析沉积速率，前提条件是需要知道 ^{137}Cs 在研究区域的背景值，这直接影响到计算结果的可靠性。沉积物中的放射性核素 ^{137}Cs 主要有大气沉降和水平搬运两种来源（王福、王宏，2011）。大气沉降的 ^{137}Cs 通量在不同区域有不同的影响，具有空间差异性，一般来说，核素 ^{137}Cs 的大气沉降通量，在北半球较大，在南半球较小，原因是热核试验主要在北半球进行。水平搬运的 ^{137}Cs 通量很大程度上受沉积物输移的影响。在河口海岸地区，受到入海水沙、潮汐和潮流，以及极端环境变化（如强降雨、风暴潮等）等诸多因素的影响。

放射性核素 ^{137}Cs 的背景值一般来说，可以通过两种途径获得，一是根据长期的监测数据进行计算而得到背景值，二是选择连续的未受到影响的参考点来确定背景值。大气沉降和流域入海水沙是长江口沉积物中的放射性核素 ^{137}Cs 的主要来源。对长江口区域而言，缺乏放射性核素 ^{137}Cs 的大气沉降通量的长期监测数据；因此，需要根据其他区域长期连续的监测数据来推算长江口区域大气沉降通量。日本东京气象站和秋田气象站分别从 1957 年和 1961 年开始对放射性核素 ^{137}Cs 的大气沉降量进行监测，有长期连续的可利用数据（庞仁松等，2011；何坚、潘少明，2011）。长江口（31°N）与东京（35°N）、秋田（39°N）的纬度位置相差不大，都属于副热带高气压带，因而，可以认为，放射性核素 ^{137}Cs 的沉降通量大致相同。因此，根据已知的东京和秋田的放射性核素 ^{137}Cs 的沉降通量，利用经验公式就可以计算得到长江口区域的放射性核素 ^{137}Cs 沉降通量（王安东，

2010）。计算公式如下：

$$D_y = \frac{P_y}{P_t} \cdot D_t \qquad (4\text{-}9)$$

式中，D_y 为未知区域的放射性核素 [137]Cs 经衰变校正后的某个年份的大气沉降通量，单位为 Bq/m²；P_y 为未知区域的相同年份的降水量，单位为 mm；P_t 为已知区域的相同年份的降水量，单位为 mm；D_t 为已知区域的相同年份的放射性核素 [137]Cs 经衰变校正后的大气沉降通量，单位为 Bq/m²。

　　根据历史时期的气象资料，可得到所需要的长江口区域的降雨量数据（周丽英、杨凯，2001），可得到东京的降雨量数据及放射性核素 [137]Cs 大气沉降通量（Hirose K et al., 2008），再通过上述的经验公式，就能够求算得到长江口区域沉积物中放射性核素 [137]Cs 的大气沉降通量值，如图 4-11 所示。

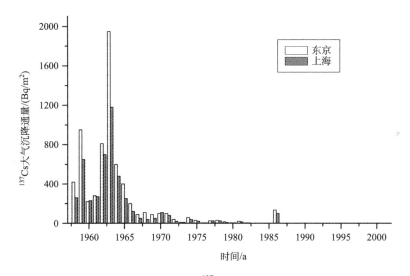

图 4-11　1958～2005 年东京与长江口附近 [137]Cs 年度平均沉降通量（据庞仁松，2011）

　　长江流域大部分地处东亚副热带季风区，气候温暖湿润，四季分明，主要受东南季风的影响，季风气候典型，只有西藏南部和云贵高原的少部分地区受到西南季风影响。因此，长江流域内的大部分地区的放射性核素 [137]Cs 的大气沉积通量应该相差不大，可以认为流域入海水沙携带的水平搬运的通量不会影响长江口区域的核素 [137]Cs 的蓄积峰位置。

4.3.3　潮滩现代沉积速率

　　根据启东嘴附近潮滩柱样 YTJ-3 沉积物中核素 [137]Cs 放射性比活度随深度的

变化曲线,可识别出两个明显的蓄积峰值,如图4-12所示,核素^{137}Cs在深度87.5cm处的蓄积峰值最大,比活度为3.78Bq/kg,核素^{137}Cs在深度27.5cm处的蓄积峰值次之,比活度为4.06Bq/kg。根据近50余年来在北半球沉降规律,以及放射性核素^{137}Cs衰变周期(30.2年),可以初步确定,深度87.5cm处的蓄积峰值代表了1963年时标,深度27.5cm处的蓄积峰值代表了1986年时标。放射性核素^{137}Cs在全球范围内的大气沉降开始于20世纪50年代初,对于北半球的沉积物而言,放射性核素^{137}Cs的沉降量能够检测到的最早时标为1954年,但是经过衰变,已难以辨识;放射性核素^{137}Cs在1963年前后的大气沉降量最大,所以沉积物中^{137}Cs的最大蓄积峰值应该代表了1963年时标;苏联的切尔诺贝利(Chernobyl)核电站,在1986年发生的核泄漏事故非常严重,对北半球的沉积物产生重要影响,因而1986年也同样具有时标意义(张燕等,2005)。

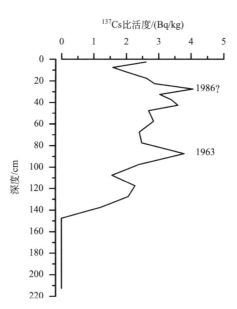

图4-12　柱样沉积物YTJ-3的^{137}Cs比活度垂直剖面特征

　　苏联的切尔诺贝利(Chernobyl)核电站,在1986年发生的核泄漏事故非常严重,深深影响了北半球的^{137}Cs沉降量,但是对东亚地区影响不大。柱样YTJ-3沉积物出现1986峰值的原因除了大气沉降外,可能还与河流输入、外海输入和海岸侵蚀物等有关。其一,沉积物中的^{137}Cs主要来源于大气沉降,该地区位于太平洋季风区,气候湿润,雨量丰沛。其二,该地区位于长江北支口门,流域入海输沙也会携带^{137}Cs一起在河口处沉积。其三,该地区自20世纪70年代引种互花米草等盐沼植物，迅速繁殖扩张成为优势物种，较好的植被覆盖可以有效降低风蚀、水蚀以及人为扰动对沉积物的影响。其四，该地区是我国受风暴潮影响较为严重的地区之一，1981 年发生了 14 号台风（8114 号台风），袭击长江口时，带来特大的风暴潮，增水现象显著，出现了有记录以来的最高水位。风暴潮有很强的掀沙和输沙能力，强潮掀起的泥沙被水体输运并在该地区发生大量堆积。

因此，参照柱样 ^{137}Cs 计年时标，在深度 87.5cm 处出现的第一个 ^{137}Cs 蓄积峰和在深度 27.5cm 处出现的第二个蓄积峰，可辨认为 1963 年和 1986 年这两个时标，这为研究潮滩沉积环境变化和人类活动奠定了年代基础。根据柱样沉积物剖面的放射性核素 ^{137}Cs 蓄积峰的时标和样品采集时间（2011 年 8 月野外实地调查并采集了沉积物样品），可以计算出潮滩沉积的平均沉积速率，如表 4-5 所示，也就是沉积物厚度差与时间差的比值，即启东嘴附近潮滩在近 50 年来的沉积速率。

表 4-5　启东嘴潮滩的现代沉积速率

深度/cm	时标年	时间段	沉积速率/（cm/a）
0～87.5	2011	1963～2011	1.82
0～27.5	1986	1986～2011	1.10
27.5～87.5	1963	1963～1986	2.61

计算结果表明：长江口启东嘴附近潮滩的多年平均沉积速率为 1.82cm/a（1963～2011 年）。其中，在 1963～1986 年为 2.61cm/a，在 1986～2011 年为 1.10cm/a。自 20 世纪 60 年代以来，启东嘴附近潮滩的淤积在整体上经历了一个由快到慢的过程。但是随着潮滩逐渐淤高，由低潮滩向高潮滩转变，沉积速率逐渐降低，体现了潮滩发育的一般规律。根据放射性核素 ^{137}Cs 时标测年法，虽然不能获取柱状沉积物剖面各层位的具体沉积速率，只能得出一定时期内的平均沉积速率，但是，根据平均沉积速率的计算结果，仍然可以看出，近 50 年来，启东嘴附近潮滩的沉积速率在整体上的变化趋势和快慢过程。

4.3.4　小结

根据放射性核素 ^{137}Cs 时标计年原理，辨别出 1963 年（深度 87.5cm 处）和 1986 年（深度 27.5cm 处）两个时标。计算得到长江口启东嘴附近潮滩多年来的平均沉积速率 1.82cm/a（1963～2011 年）。在 1963～1986 年为 2.61cm/a，在 1986～2011 年为 1.10cm/a，说明潮滩在整体上经历了一个由快到慢的沉积过程。

4.4　元素地球化学特征

沉积环境变化的重要研究内容之一是分析元素在表生环境下的地球化学行为和特征，沉积物中的地球化学元素与矿物组成、粒度组成以及水动力条件之间有着十分密切的关系。通过研究沉积物中微量元素的丰度、赋存状态、分布规律，有利于了解沉积物质的扩散和介质环境，能够有效地揭示沉积环境变化和物质来源。一般而言，微量元素是指在岩石或矿物中含量在 1% 或 0.1% 以下的元素。在地球化学中的严格定义是，在所研究的矿物或岩石中的含量低到可以近似地用稀溶液定律描述其行为的元素，就可称为微量元素（赵振华，1997）。

4.4.1　微量元素地球化学特征

1. 微量元素丰度特征

对长江口启东嘴附近潮滩的柱样 YTJ-3 沉积物样品进行了微量元素的测定，包括 Sc、Ti、Zr、Nb、Hf、Th、Rb、Sr、Ba、V、Cr、Mn、Co、Ni、Cu、Zn、Mo、Pb 等共 18 种微量元素。长江口启东嘴附近潮滩沉积物中微量元素的含量和统计指标值，如表 4-6 所示，包括极值、均值、标准差、变异系数。沉积物中微量元素含量的平均值由大到小为（μg/g）：Ti（5309.01）> Mn（670.27）> Ba（378.21）> Zr（296.27）> Sr（155.44）> Rb（109.97）> V（100.41）> Zn（73.95）> Cr（63.13）> Ni（35.82）> Cu（19.79）> Pb（19.19）> Nb（14.47）> Co（14.07）> Th（13.38）> Sc（12.91）> Hf（7.77）> Mo（0.52）。

表 4-6　微量元素含量的统计指标值

元素	最小值/（μg/g）	最大值/（μg/g）	平均值/（μg/g）	标准偏差	变异系数
Sc	10.33	17.73	12.91	2.17	0.17
Ti	4622.31	6166.75	5309.01	420.01	0.08
Zr	204.96	567.74	296.27	79.00	0.27
Nb	13.09	16.58	14.47	0.89	0.06
Hf	5.24	14.78	7.77	2.10	0.27
Th	10.97	18.35	13.38	1.48	0.11
Rb	79.84	154.14	109.97	21.68	0.20
Sr	138.87	176.85	155.44	10.11	0.07
Ba	336.45	424.90	378.21	24.35	0.06
V	76.91	139.42	100.41	18.69	0.19

元素	最小值/（μg/g）	最大值/（μg/g）	平均值/（μg/g）	标准偏差	变异系数
Cr	48.22	82.05	63.13	8.98	0.14
Mn	504.04	912.69	670.27	131.74	0.20
Co	10.05	18.91	14.07	2.63	0.19
Ni	23.89	50.95	35.82	7.74	0.22
Cu	11.37	32.24	19.79	6.14	0.31
Zn	45.29	153.02	73.95	20.93	0.28
Mo	0.29	0.99	0.52	0.20	0.38
Pb	13.50	30.79	19.19	4.74	0.25

根据微量元素的平均含量，可以将微量元素划分为如下几组：第一组，是 Ti 元素，含量最高，高达 5000μg/g 以上；第二组，包括 Mn、Ba、Zr、Sr、Rb、V 等元素，在 100μg/g 以上；第三组，包括 Zn、Cr、Ni、Cu、Pb、Nb、Co、Th、Sc 等元素，在 10μg/g 以上；第四组，包括 Hf、Mo 等元素，含量较低，低于 10μg/g，其中 Mo 元素的含量非常少，不到 1μg/g。

变异系数是标准偏差与平均值的比值，能够反映数据的离散程度，根据沉积物中的微量元素的变异系数，由大到小为：Mo（0.38）＞ Cu（0.31）＞Zn（0.28）＞ Hf（0.27）＞ Zr（0.27）＞ Pb（0.25）＞ Ni（0.22）＞ Rb（0.20）＞ Mn（0.20）＞ Co（0.19）＞ V（0.19）＞ Sc（0.17）＞ Cr（0.14）＞ Th（0.11）＞ Ti（0.08）＞ Sr（0.07）＞ Ba（0.06）＞ Nb（0.06）。可以看出微量元素的变异系数大部分在 0.1～0.3，相对比较小，说明长江口启东嘴附近潮滩沉积物中微量元素分布相对较均匀，其中 Ti、Sr、Ba、Nb 这几种元素的变异系数更是小于 0.1，反映了沉积物样品的测量值比较集中，该区域微量元素分散度较低，代表了沉积物固有的地球化学元素特征。

长江口启东嘴附近潮滩的柱样 YTJ-3 沉积物的微量元素含量垂向变化曲线，如图 4-13 所示，可以看出，沉积物中绝大部分微量元素从下到上都有着一致的变化趋势，大致可分为四种类别：第一类，包括 Ti、Nb、Th 等元素，有相似的变化趋势，在上部和下部变形较大，在中部变化较小；第二类，包括 Zr、Hf 两种元素，变化趋势一致，下部变性较大，上部呈减少趋势；第三类，包括 Sr、Ba 两种元素，变化趋势较为复杂，规律性没有其他元素显著；第四类，包括 Sc、Rb、V、Cr、Mn、Co、Ni、Cu、Zn、Mo、Pb 等绝大部分元素，以深度 52.5cm 为界可以分为上下两段，下段变形较大，上段呈增加趋势。此外，Ti、Zr、Nb、Hf、Th 等在深度 172.5cm 附近出现峰值，含量远远高于上下层位沉积物的含量，含量在整个柱样沉积物中达到最高。

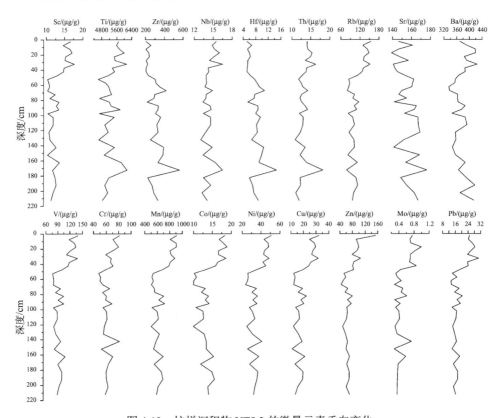

图 4-13　柱样沉积物 YTJ-3 的微量元素垂向变化

2. 微量元素相关分析

沉积物中微量元素之间的相关性，是不同元素在地球化学性质方面差异性的反映，常常记录和保存了有关物质来源的信息。应用 SPSS 20.0 软件对测定的 18种微量元素及沉积物中的砂、粉砂、黏土、平均粒径进行了相关分析，用 Pearson相关系数进行度量，再经双尾显著性实验。柱样 JTY-3 沉积物中微量元素的相关性分析结果，如表 4-7 所示。从表中可以看出，元素之间地球化学行为的差异是造成微量元素丰度和分布不同的主要原因。在沉积过程中，性质相似的地球化学元素，常常也表现出相似的沉积特征，这是运用地球化学元素进行物源区识别的重要依据。

表 4-7　微量元素与粒度参数的相关系数矩阵

	Sc	Ti	V	Cr	Mn	Co	Ni	Cu	Zn	Rb	Sr	Zr	Nb	Mo	Ba	Hf	Pb	Th	黏土	粉砂	砂	粒径
Sc	1																					
Ti	0.729	1																				
V	0.987	0.71	1																			
Cr	0.779	0.719	0.813	1																		
Mn	0.965	0.609	0.967	0.714	1																	
Co	0.929	0.599	0.948	0.752	0.948	1																
Ni	0.954	0.612	0.965	0.845	0.939	0.942	1															
Cu	0.981	0.635	0.978	0.762	0.963	0.924	0.967	1														
Zn	0.861	0.546	0.899	0.719	0.865	0.835	0.861	0.879	1													
Rb	0.969	0.566	0.972	0.739	0.976	0.946	0.967	0.984	0.881	1												
Sr	-0.609	-0.24	-0.623	-0.519	-0.57	-0.54	-0.662	-0.682	-0.5	-0.651	1											
Zr	-0.605	0.032	-0.607	-0.259	-0.691	-0.616	-0.654	-0.691	-0.572	-0.743	0.634	1										
Nb	0.619	0.834	0.598	0.615	0.502	0.505	0.507	0.528	0.499	0.475	-0.151	0.171	1									
Mo	0.859	0.61	0.849	0.788	0.814	0.779	0.884	0.859	0.703	0.835	-0.692	-0.525	0.497	1								
Ba	0.657	0.413	0.646	0.439	0.68	0.763	0.634	0.606	0.485	0.671	-0.165	-0.418	0.475	0.412	1							
Hf	-0.622	0.016	-0.622	-0.26	-0.703	-0.622	-0.659	-0.704	-0.586	-0.754	0.639	0.996	0.146	-0.536	-0.418	1						
Pb	0.97	0.651	0.953	0.694	0.942	0.904	0.922	0.959	0.82	0.953	-0.627	-0.66	0.561	0.859	0.662	-0.677	1					
Th	0.559	0.865	0.532	0.512	0.437	0.408	0.414	0.462	0.405	0.372	-0.129	0.242	0.904	0.48	0.303	0.21	0.517	1				
黏土	0.583	0.198	0.577	0.375	0.606	0.52	0.558	0.625	0.575	0.623	-0.552	-0.546	0.24	0.633	0.12	-0.56	0.641	0.186	1			
粉砂	0.455	0.13	0.422	0.159	0.478	0.34	0.429	0.494	0.372	0.48	-0.601	-0.609	0.014	0.415	0.122	-0.602	0.486	0.043	0.463	1		
砂	-0.599	-0.188	-0.576	-0.301	-0.627	-0.494	-0.57	-0.647	-0.543	-0.637	0.676	0.677	-0.137	-0.601	-0.141	0.681	-0.651	-0.126	-0.828	-0.88	1	
粒径	0.695	0.28	0.679	0.416	0.718	0.605	0.655	0.731	0.647	0.728	-0.636	-0.652	0.279	0.702	0.221	-0.664	0.748	0.238	0.962	0.656	-0.93	1

　　微量元素的相关性受到自身的地球化学行为、赋存状态、源岩性质等共同制约。根据相关系数矩阵可知，①绝大部分元素之间具有很强的相关关系，其中，元素 V、Mn、Co、Ni、Cu、Rb、Pb 等之间的相关系数绝大部分都在 0.9 以上，说明源岩在风化、搬运和沉积的过程中，这些元素具有非常相似的地球化学行为；且与黏土、粉砂、平均粒径之间为显著正相关，与砂呈强负相关，说明这类微量元素在黏土和粉砂级沉积物中相对富集，明显地遵循"元素粒度控制规律"（赵一阳、鄢明才，1994）。在表生条件下，这类微量元素的地球化学性质比较相似，元素丰度主要受陆源物质的影响，以碎屑态的形式赋存在粗颗粒的沉积物中，以吸附态的形式赋存在细颗粒的沉积物中。因此，这类微量元素的地球化学特征能够揭示陆源物质的源区特征。②元素 Sr、Zr、Hf 等与其他微量元素之间的相关系数是负值，表现为明显负相关关系，与沉积物粒度组分之间的关系是与砂呈正相关。其中，元素 Sr 还受到生物作用影响，与生物源物质有着密切的关系，在钙质生物碎屑沉积物中相对富集。而元素 Zr、Hf 的地球化学性质非常相似，组成元素对在表生环境下紧密共生，主要以碎屑态的形式赋存在碎屑重矿物中风化、搬运和沉积（杨守业、李从先，1999a）。在柱样 YTJ-3 沉积物中有薄层细砂夹层和贝壳碎屑，多个贝壳碎屑沉积层的出现，且沉积物粒度较大，因而导致了与其他元素的性质差异。

　　3. 微量元素组合特征

　　根据微量元素之间的相关性分析，可以看出，沉积物中微量元素相互之间有着一定程度的内在紧密关系，形成这关系的重要原因就是元素自身的地球化学行为、物质来源、沉积环境等因素，最终导致微量元素在沉积物中表现为不同的丰度和元素组合特征。因此，为了进一步解释微量元素的来源和控制因素，对测定的 18 个微量元素进行了控制因子分析。在因子分析前，首先，依据数据标准化规则，对元素数据进行了预处理；然后，运用统计软件 SPSS 20.0 版本中的"分析"—"降维"菜单下的"因子分析"命令，因子抽取方法选择主成分法，提取大于 1 的特征值；因子旋转方法选择最大方差法，并输出旋转解和载荷图；最后，得到了 3 个主因子，如表4-8 所示。

　　可以看出，分析结果较为理想，能够代表柱样 YTJ-3 沉积物样品中所有测试微量元素的整体情况。可以看出，对长江口启东嘴附近潮滩沉积物中微量元素分布起主导作用的是因子 1 和因子 2，其累计方差超过 84.684%，因子 1 的方差贡献占总方差贡献的 65.582%，远高于其他因子，是控制微量元素分布最重要的环境因素。根据微量元素的因子分析结果，可以得知，影响微量元素分布的原因较多，既有物源因素，又有沉积环境。

表 4-8　微量元素控制因子的旋转载荷矩阵

控制因子	F_1	F_2	F_3	控制因子	F_1	F_2	F_3
钪 Sc	.991	.052	.022	铬 Cr	.807	.269	−.225
钛 Ti	.652	.783	−.060	锰 Mn	.970	−.083	.114
锆 Zr	−.639	.850	−.052	钴 Co	.949	−.042	.187
铌 Nb	.587	.848	.064	镍 Ni	.978	−.064	−.038
铪 Hf	−.652	.833	−.047	铜 Cu	.987	−.073	−.039
铷 Rb	.982	−.151	.057	锌 Zn	.880	−.030	.000
钍 Th	.510	.893	−.066	钼 Mo	.879	.021	−.303
锶 Sr	−.652	.335	.743	铅 Pb	.969	−.027	.039
钡 Ba	.663	.033	.765	方差贡献率	70.057	16.359	13.584
钒 V	.993	.035	.006	累计贡献率	70.057	86.416	100%

因子 1 的方差贡献率为 65.582%，受因子 1 控制的元素主要有 Sc、Rb、V、Cr、Mn、Co、Ni 、Cu、Zn、Mo、Pb。这些元素大都是金属过渡元素，在母岩中相伴生，是陆源物质的一种特征组合，具有相似的地球化学性质，主要以吸附态的形式赋存在细颗粒的沉积物中，在黏土和粉砂级沉积物中的质量分数远远高于砂级沉积物，遵循"元素的粒度控制规律"。这与相关分析中与黏土、粉砂呈显著正相关、与砂呈强负相关的微量元素相吻合。柱样 YTJ-3 沉积物中的微量元素受粒度的控制，而粒度又反映了水动力条件。这组化学成分主要为陆源成因，说明研究区沉积物以陆源物质为主。因子 1 体现了物质来源和沉积动力条件对微量元素分布的影响，是控制研究区沉积物化学成分的最主要因素。

因子 2 的方差贡献率为 19.101%，受因子 2 控制的元素主要有 Ti、Zr、Nb、Hf、Th。这些微量元素容易赋存在固体物质中，然后随颗粒物一起搬运和沉积，也是陆源元素组合，是控制沉积物中微量元素分布较为重要的环境因素（梅西，2011）。这与相关分析中和粗颗粒砂呈正相关的结论一致。其中，元素 Zr、Hf 的地球化学性质非常相似，组成元素对在表生环境下紧密共生，在粗粒级沉积物中的质量分数远远高于细粒级沉积物，主要以碎屑态的形式赋存在碎屑重矿物中风化、搬运和沉积（杨守业、李从先，1999a）。所以，因子 2 体现了沉积动力条件对微量元素分布的影响。柱样 YTJ-3 沉积物中的微量元素分成因子 1 和因子 2 两种不同的元素组合，原因可能是元素自身的地球化学行为，以及在搬运沉积过程中沉积环境的分异。

因子 3 的方差贡献率为 4.819%，受因子 3 控制的元素主要有 Sr、Ba。沉积物中的 Sr、Ba 主要来自陆源碎屑和生物成因,在表生环境中与 Ca 具相似的迁移、富集行为,主要在粗粒级和含有较多生物碎屑的沉积物富集(蔡观强等,2010a,2010b;蓝先洪等,2011a)。元素 Sr、Ba 在因子 1 中也有较大的比重,影响因素除了钙质生物外,可能还包括沉积动力条件。这说明研究区沉积物中 Sr、Ba 元素来源比较分散,既有陆源碎屑来源,又有生源沉积物的影响。

4.4.2　稀土元素地球化学特征

在化学元素周期表中,一般来说,稀土元素是指第ⅢB 族元素钪(Sc,原子序数为 21)、钇(Y,原子序数为 39)和镧系元素(La～Lu,原子序数为 57～71)共 17 种化学元素的合称。在分析地球表层的沉积物中稀土元素丰度和参数图解时,普遍指的是镧系元素,即 La、Ce、Pr、Nd、Sm、Eu、Gd、Tb、Dy、Ho、Er、Tm、Yb、Lu 等 14 种元素。根据元素的物理和化学性质,稀土元素一般划分为两组(杨守业、李从先,1999b;徐方建等,2009a):轻稀土元素(LREE,包括 La、Ce、Pr、Nd、Sm、Eu)和重稀土元素(HREE,包括 Gd、Tb、Dy、Ho、Er、Tm、Yb、Lu)。此外,稀土元素通常还被划分为铈族稀土和钇族稀土,铈族稀土相当于轻稀土($\sum$Ce≈$\sum$LREE),钇族稀土相当于重稀土($\sum$Y≈$\sum$HREE)。

1. 稀土元素总量特征

对长江口启东嘴附近潮滩的柱样 YTJ-3 沉积物样品进行了稀土元素测定,包括 La、Ce、Pr、Nd、Sm、E、Gd、Tb、Dy、Ho、Er、Tm、Yb、Lu 14 种镧系元素。长江口启东嘴附近潮滩沉积物中稀土元素的含量和统计指标值,如表 4-9 所示,包括极值、均值、标准差、变异系数。沉积物中稀土元素含量的平均值由大到小(μg/g):Ce(74.69)>La(39.16)>Nd(30.83)>Pr(8.24)>Sm(5.92)>Gd(5.16)>Dy(4.91)>Er(3.03)>Yb(2.75)>Eu(1.23)>Ho(1.05)>Tb(0.72)>Tm(0.45)>Lu(0.43)。

表 4-9　稀土元素含量的统计指标值

元素	最小值/(μg/g)	最大值/(μg/g)	平均值/(μg/g)	标准偏差	变异系数
La	33.97	48.92	39.16	3.30	0.08
Ce	65.22	91.09	74.69	4.93	0.07
Pr	7.28	9.97	8.24	0.63	0.08
Nd	27.71	36.62	30.83	2.17	0.07
Sm	5.05	7.24	5.92	0.48	0.08
Eu	1.08	1.41	1.23	0.09	0.07

续表

元素	最小值/（μg/g）	最大值/（μg/g）	平均值/（μg/g）	标准偏差	变异系数
Gd	4.66	5.87	5.16	0.34	0.07
Tb	0.63	0.85	0.72	0.05	0.07
Dy	4.30	5.72	4.91	0.35	0.07
Ho	0.90	1.21	1.05	0.07	0.07
Er	2.37	3.60	3.03	0.25	0.08
Tm	0.38	0.55	0.45	0.04	0.08
Yb	2.37	3.34	2.75	0.23	0.08
Lu	0.37	0.54	0.43	0.04	0.09
REE	160.99	216.84	178.57	12.43	0.07
LREE	143.98	195.23	160.07	11.20	0.07
HREE	16.34	21.61	18.50	1.31	0.07

　　根据稀土元素的平均含量，可以将稀土元素划分为如下几组：第一组，是 Ce 元素，平均值为 74.69，在 65.22～91.09μg/g；第二组，包括 La、Nd 等元素，平均值分别为 39.16μg/g 和 30.83μg/g；第三组，包括 Pr、Sm、Gd、Dy、Er、Yb、Eu、Ho 等元素，平均含量大于 1μg/g，低于 10μg/g；第四组，包括 Tb、Tm、Lu 等元素，平均含量不到 1μg/g。

　　稀土元素（La～Lu）总量的平均值为 178.57μg/g，最小值为 160.99μg/g，最大值为 216.84μg/g。轻稀土（La～Eu）总量的平均值为 160.07μg/g，最小值为 143.98μg/g，最大值为 195.23μg/g。重稀土（Gd～Lu）总量的平均值为 18.50μg/g，最小值为 16.34μg/g，最大值为 21.6μg/g。总的来说，柱样 YTJ-3 沉积物中轻稀土的含量普遍较高，重稀土的含量相对要低得多，轻稀土对稀土总量的贡献是远远大于重稀土，这体现出稀土元素的总量主要由轻稀土所构成。变异系数是标准偏差与平均值的比率，是反映数据离散程度的重要指标。可以看出，柱样 YTJ-3 沉积物中稀土元素的变异系数的变化幅度非常小，全部在 0.1 以下，反映出该区域稀土元素的分散度比较低，说明长江口启东嘴附近潮滩沉积物中的稀土元素分布相对比较均匀。

　　长江口启东嘴附近潮滩的柱样 YTJ-3 沉积物中稀土元素随深度变化情况，如图 4-14 所示。可以看出，沉积物中 REE、LREE、HREE 和各稀土元素的含量几乎具有完全相同的垂向分布规律，在剖面上部有波动，且呈增加趋势；在剖面下部波动较大，出现最大峰值。具体表现为：由底部向上逐渐增加，并在深度 172.5cm 处出现峰值；再向上到深度 52.5cm 呈减少趋势，在深度 52.5cm 到表层，表现出明显的差异性。大致可划分为两种类型：第一种类型，包括 La、Pr、Nd、Sm、

Eu、Gd、Dy、Ho 等稀土元素，由下向上表现为增加趋势；第二种类型，包括 Ce、Tb、Er、Tm、Yb、Lu 等稀土元素，由下向上表现为先增加后减少趋势。

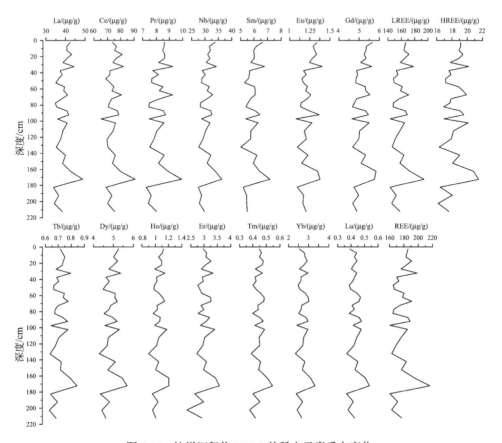

图 4-14　柱样沉积物 YTJ-3 的稀土元素垂向变化

2. 稀土元素分馏特征

轻稀土元素和重稀土元素的地球化学差异是稀土元素的重要特征，对分析源岩的性质具有重要意义。为反映稀土元素的分馏程度，常采用的指数有 LREE/HREE、$(La/Yb)_N$、$(La/Sm)_N$、$(Gd/Yb)_N$。其中，$(La/Yb)_N$、$(La/Sm)_N$、$(Gd/Yb)_N$ 为稀土元素经球粒陨石或北美页岩等标准物质标准化后的丰度值，计算公式如下：

$$(A/B)_N = \frac{(A/B)_{样品}}{(A/B)_{标准物质}}$$ （4-10）

式中，A 和 B 分别表示具体的稀土元素。其中，LREE/HREE 和（La/Yb）$_N$ 反映了轻、重稀土的分馏程度，其中（La/Yb）$_N$ 值的大小还可以反映标准化曲线的倾斜程度，也就是 REE 经过球粒陨石标准化后的曲线的斜率，＜1 为左倾型曲线，轻稀土亏损，＞1 为右倾型曲线，轻稀土富集，≈1 曲线为水平，属球粒陨石型分布。(La/Sm)$_N$ 反映了轻稀土元素内部的分馏特征，比值越大轻稀土越富集，＞1 为轻稀土富集型，≈1 为轻稀土平坦型，＜1 为轻稀土亏损型。(Gd/Yb)$_N$ 反映了重稀土元素内部的分馏特征，比值越小重稀土越富集，＜1 为重稀土富集型，≈1 为重稀土平坦型，＞1 为重稀土亏损型（王中刚等，1989）。

根据所测得的柱样 YTJ-3 沉积物的稀土元素含量结果，计算了能够反映稀土元素分馏程度的指数，包括极值、均值、标准差、变异系数，如表 4-10 所示。可以看出，沉积物中轻稀土元素含量（LREE）明显高于重稀土元素含量（HREE），从轻、重稀土的比值可以看出，LREE/HREE 比值在 8.15～9.03，平均为 8.66；(La/Sm)$_N$ 比值在 8.82～11.23，平均值为 9.65，LREE 对 REE 的贡献要远大于 HREE。轻稀土元素的富集型，是陆源碎屑的标志（Minai, 1992；徐刚等，2012），说明柱样 YTJ-3 沉积物具有陆源物质的特征。从反映轻、重稀土组内的分馏指数 (La/Sm)$_N$ 和 (Gd/Yb)$_N$ 可以看出，(La/Sm)$_N$ 比值在 3.93～4.52，平均为 4.16；(Gd/Yb)$_N$ 比值在 1.4～1.79，平均为 1.52；(La/Sm)$_N$ 比值近三倍于 (Gd/Yb)$_N$ 比值，这表明轻稀土组内的分异大大高于重稀土组内的分异，可以认为沉积物中稀土元素的分异主要是由轻稀土分异造成的。轻稀土对稀土总量的贡献远远大于重稀土，轻稀土组内的分馏程度必然影响稀土元素的整体性质的变化。总的来说，轻、重稀土间分异比其内部分异程度要高，大于各自组内的差异性，沉积物中稀土元素的分异因为轻稀土分异的明显变化而受到明显影响。

表 4-10 稀土元素特征参数的统计指标值

稀土参数	最小值	最大值	平均值	标准偏差	变异系数
REE/（μg/g）	160.99	216.84	178.57	12.43	0.07
LREE/（μg/g）	143.98	195.23	160.07	11.20	0.07
HREE/（μg/g）	16.34	21.61	18.50	1.31	0.07
HREE/LREE	8.15	9.03	8.66	0.22	0.03
(La/Yb)$_N$	8.82	11.23	9.65	0.51	0.05
(La/Sm)$_N$	3.93	4.52	4.16	0.13	0.03
(Gd/Yb)$_N$	1.40	1.79	1.52	0.07	0.05
δCe	0.88	1.02	0.96	0.03	0.03
δEu	0.62	0.71	0.67	0.02	0.03

　　长江口启东嘴附近潮滩的柱样 YTJ-3 沉积物中稀土元素各参数随深度变化情况，如图 4-15 所示。可以看出，反映轻重稀土之间分异程度的 LREE/HREE 和（La/Sm）$_N$的变化特征基本一致，从底部向上表现为由大到小又到大的趋势，说明柱样 YTJ-3 沉积物中的稀土元素在轻稀土和重稀土之间存在较显著的分异。（La/Sm）$_N$是反映轻稀土元素内部分馏特征的参数，（Gd/Yb）$_N$是反映重稀土元素内部分馏特征的参数。这两种分异参数在柱样 YTJ-3 沉积物垂直剖面上的变化趋势比较一致，整体来看，几乎都是直线型，在局部地方数值有较大的摆动，变化幅度比较小。

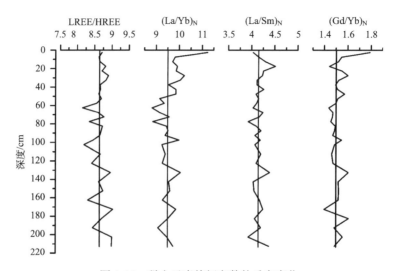

图 4-15　稀土元素特征参数的垂向变化

3. δCe 和 δEu 异常特征

　　沉积物中稀土元素的 Ce 异常和 Eu 异常是用来揭示源岩的风化程度和"氧化—还原环境"的重要指标。通常用异常系数 δ 值来表示，根据 δ 值大小可分为 3 种类型（王中刚等，1989；刘宁等，2009）：①当 δ<1 时，为负异常，属亏损型，在配分曲线上为谷；②当 δ>1 时，为正异常，属富集型，在配分曲线上为峰；③当 δ=1 时，没有发生异常，在配分曲线表现为平滑。根据所测试得到的稀土元素的含量结果，计算了长江口启东嘴附近潮滩柱样 YTJ-3 沉积物中稀土元素的异常系数 δCe 和 δEu，包括极值、均值、标准差、变异系数，如表 4-11 所示。Ce 和 Eu 异常的计算公式如下：

$$\delta Ce = \frac{Ce_N}{\sqrt{La_N + Pr_N}} = \frac{2Ce_N}{La_N + Pr_N} \qquad (4\text{-}11)$$

$$\delta Eu = \frac{Eu_N}{\sqrt{Sm_N + Gd_N}} = \frac{2Eu_N}{Sm_N + Gd_N} \qquad (4\text{-}12)$$

式中，Eu_N、Sm_N、Gd_N、Ce_N、La_N、Pr_N 为球粒陨石标准化值。

表 4-11　稀土元素异常系数 δCe、δEu 的统计指标值

异常系数	最小值/（μg/g）	最大值/（μg/g）	平均值/（μg/g）	标准偏差	变异系数
δCe	0.88	1.02	0.96	0.03	0.03
δEu	0.62	0.71	0.67	0.02	0.03

沉积物中稀土元素的异常系数 δCe 和 δEu 随深度变化情况，如图 4-16 所示。经过球粒陨石平均值标准化后，柱样 YTJ-3 沉积物的 δCe 值的变化范围在 0.88～1.02，平均值为 0.96，标准偏差为 0.03，变异系数为 0.03，说明稀土元素 Ce 没有明显的异常情况发生，沉积物从源岩风化，被碎屑物搬运到最后沉积下来的整个过程中，几乎没有被氧化，不具备产生 Ce 异常的环境条件。经过球粒陨石平均值标准化后的 δEu 值在 0.62～0.71，平均值为 0.67，标准偏差为 0.02，

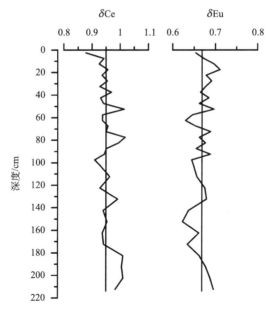

图 4-16　稀土元素异常参数 δCe、δEu 的垂向变化

变异系数为 0.03，显示了显著的 Eu 负异常情况且变化范围较小。对比球粒陨石标准样，说明柱样 YTJ-3 沉积物中稀土元素 Eu 已经有明显的异常情况发生，并且接近于大陆地壳，沉积物主要来自于陆源物质。

4. 稀土元素相关分析

沉积物中稀土元素之间的相关性，是不同元素在地球化学性质方面差异性的反映，常常记录和保存了有关物质来源的信息。应用 SPSS 20.0 软件对测定的 14 种稀土元素及沉积物中的砂、粉砂、黏土、平均粒径进行了相关分析，用 Pearson 相关系数进行度量，再经双尾显著性实验。柱样 JTY-3 沉积物中稀土元素的相关性分析结果，如表 4-12 所示。可以看出，相关性在所有稀土元素之间都非常显著，表现为正相关关系，各稀土元素之间的相关性很好，反映了其化学性质的相似性。其中，La、Pr、Nd 等轻稀土元素为高度正相关，相关系数高达 0.9 以上；Gd、Tb、Dy 等重稀土元素也呈高度正相关，相关系数高达 0.9 以上；尽管轻稀土元素与重稀土元素之间的相关系数也高度正相关，但是相关系数值要小一些。整体上来看，根据柱样 YTJ-3 沉积物中的稀土元素之间的相关系数矩阵，可以看出：①轻稀土元素组内与重稀土元素组内的相关关系要远远好于轻稀土与重稀土组间的相关性；②轻稀土元素组内的相关关系要优于重稀土元素组内的关系。相关分析的结果表明，尽管稀土元素化学行为十分相似，但是在源岩风化、搬运、沉积过程中彼此能发生部分分馏。反映了沉积物中的稀土在搬运、沉积过程中，物质分异对稀土元素产生影响，主要原因就是稀土元素个体在物理性质和化学性质上的微小差异。柱样 YTJ-3 沉积物中的轻稀土元素组内、重稀土元素组内的相关性较强，正是因为轻稀土、重稀土具有不同的地球化学特性。

表 4-12　稀土元素之间的相关系数矩阵

	La	Ce	Pr	Nd	Sm	Eu	Gd	Tb	Dy	Ho	Er	Tm	Yb	Lu
La	1													
Ce	0.905	1												
Pr	0.962	0.917	1											
Nd	0.957	0.861	0.969	1										
Sm	0.935	0.822	0.916	0.958	1									
Eu	0.908	0.836	0.881	0.887	0.878	1								
Gd	0.906	0.817	0.916	0.947	0.925	0.884	1							
Tb	0.919	0.892	0.942	0.925	0.907	0.852	0.921	1						
Dy	0.927	0.838	0.924	0.933	0.941	0.884	0.939	0.945	1					
Ho	0.859	0.79	0.86	0.869	0.88	0.808	0.914	0.908	0.949	1				

续表

	La	Ce	Pr	Nd	Sm	Eu	Gd	Tb	Dy	Ho	Er	Tm	Yb	Lu
Er	0.841	0.803	0.828	0.805	0.789	0.715	0.825	0.900	0.876	0.899	1			
Tm	0.849	0.828	0.853	0.836	0.838	0.75	0.865	0.920	0.916	0.919	0.927	1		
Yb	0.847	0.876	0.87	0.829	0.828	0.769	0.846	0.950	0.889	0.885	0.909	0.949	1	
Lu	0.775	0.782	0.779	0.762	0.775	0.64	0.767	0.871	0.824	0.838	0.888	0.912	0.944	1

　　稀土总量的变化会受到粒度因素的影响，一般认为在黏土等细颗粒级沉积物中的含量高于粉砂和砂等粗颗粒级沉积物中的含量（蓝先洪等，2009）。对沉积物中测定的稀土总量与粒度之间的相关性进行了分析，如图 4-17 所示。可以看出，柱样 YTJ-3 沉积物中稀土总量与平均粒径、黏土、粉砂、砂的 R^2 分别为 0.0845、0.1319、0.0219、0.0428，柱样 YTJ-3 沉积物中的稀土总量虽然有向细颗粒级沉积物富集的趋势，但这种趋势并不是很明显。这说明粒度因素对稀土含量的控制作用是相对的，稀土在某些粗颗粒沉积物中有较高的含量，可能与沉积物中富集含稀土的重矿物成分有一定关系；稀土在某些细颗粒沉积物中的含量较低，可能是受到了生物碎屑物质的稀释作用的影响。

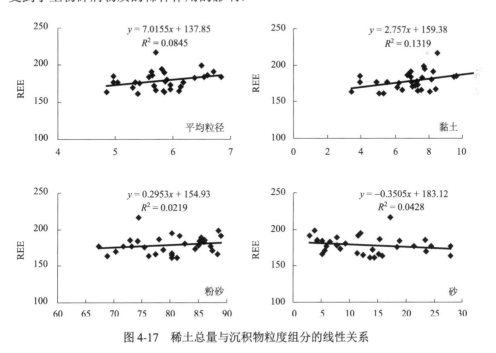

图 4-17　稀土总量与沉积物粒度组分的线性关系

　　进一步分析，发现在所有沉积物类型中，轻稀土与重稀土的组间分馏与平均粒径之间的相关系数，以及 Ce 异常、Eu 异常与平均粒径之间的相关系数都比较小，如图 4-18 所示。可以看出，沉积物的平均粒径与 δEu 异常系数、δCe 异常系数、LREE/HREE 比值之间基本无线性关系，可以说，基本不受沉积物底质类型的影响。换句话说，柱样 YTJ-3 沉积物中的稀土元素特征主要受物源的影响。因此，稀土元素可以作为物源示踪剂，可以运用这些参数进行有效的物源识别（徐刚等，2012）。

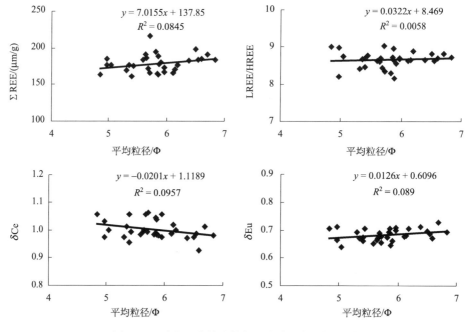

图 4-18　稀土元素特参数与平均粒径的线性关系

4.4.3　小结

1. 微量元素小结

根据微量元素的平均含量可以分成四个类别：第一类别，是 Ti 元素，高达 5000μg/g 以上；第二类别，包括 Mn、Ba、Zr、Sr、Rb、V 6 种元素，在 100μg/g 以上；第三类别，包括 Zn、Cr、Ni、Cu、Pb、Nb、Co、Th、Sc 9 种元素，在 10μg/g 以上；第四类别，包括 Hf、Mo 2 种元素，低于 10μg/g，其中 Mo 的含量非常少，不到 1μg/g。在垂向变化上，过渡金属元素 V、Cr、Mn、Co、Ni、Cu、Zn、Mo、Pb 具有相似的变化特征，Rb、Sc 的变化趋势与过渡金属元素一致。除 Sc 元素外的高场强元素可分为 Ti、Nb、Th 和 Zr、Hf 两种不同变化趋势。除 Rb 元素外的大离子亲石元素 Sr、Ba 的变化趋势较为复杂，规律性没有其他元素显著。Ti、Zr、Nb、Hf、Th 等高场强元素在深度 172.5cm 附近出现峰值。对微量元素与沉积物中的砂、粉砂和黏土含量、平均粒径进行了相关分析，除了 Sr、Zr、Hf 等少部分元素外，基本遵循"元素粒度控制规律"。对微量元素进行了因子分析，对微量元素分布起主导作用的是因子 1 和因子 2，物质来源和沉积动力条件是控制沉积物化学成分的主要因素。

2. 稀土元素小结

沉积物 REE 总量为 178.57μg/g，LREE 总量为 160.07μg/g，HREE 总量为 18.50μg/g。沉积物中 REE、LREE、HREE 和各稀土元素具有相同的垂向分布规律，在剖面上部有波动且呈增加趋势；在剖面下部波动较大，在深度 172.5cm 处出现峰值。LREE/HREE 平均值为 8.66；（La/Sm）$_N$ 平均值为 9.65，轻稀土元素相对富集反映了沉积物的陆源碎屑特征。异常系数 δCe，平均值为 0.96，没有发生显著的 Ce 异常。异常系数 δEu 平均值为 0.67，有显著的 Eu 负异常情况。

4.5　黏土矿物分布特征

4.5.1　黏土矿物鉴定与含量计算

矿物的 X 射线衍射（XRD）分析就是根据不同矿物具有不同的晶体构造，利用矿物具有层状结构的特征及 X 射线的衍射原理，利用定向片上的矿物衍射峰值计算出晶面间距，鉴定出矿物的类型，并计算测试样品中各种矿物的百分含量（蒲海波，2011）。

1. 黏土矿物的类型鉴定

黏土矿物的 X 射线衍射（XRD）定性分析，也就是鉴定沉积物中黏土矿物的类型。具体方法是，将待测样品中黏土矿物的 X 射线衍射特征，比如 d 值、强度和峰形等，与黏土矿物标准样的衍射特征进行相互比较，如果两者具有一致性，就说明待测样品中黏土矿物与黏土矿物标准样属于同一种类型（张荣科、范光，2003）。标准样品中的黏土矿物的衍射特征数据来自中国科学院贵阳地球化学研究所编写的由科学出版社出版的《矿物 X 射线粉晶鉴定手册》。

根据黏土矿物实验处理和测试的基本流程，在不同条件下，对柱样 YTJ-3 沉积物分别制作了自然饱和定向片（N 片）、乙二醇饱和片（EG 片）和加热片（T

片）三种定向载玻片。利用 MDI Jade 5.0 软件对这三种定向片进行粉晶 X 射线衍射图谱分析，鉴别沉积物样品中可能存在的黏土矿物类型。经过乙二醇蒸汽饱和的蒙脱石具有 17Å 的衍射峰，伊利石具有 3.33Å、5Å、10Å 的衍射峰，高岭石具有 3.58Å、7Å 的衍射峰，绿泥石具有 3.5Å、4.7Å、7Å、14.1Å 的衍射峰。将自然片、乙二醇饱和片、加热片这三个定向载玻片的 X 射线衍射图谱进行比较，发现衍射图谱出现些微变化，虽然伊利石、绿泥石和高岭石的衍射峰在自然片和乙二醇饱和片的衍射图谱上没有发生变化，但是蒙脱石的衍射峰在乙二醇饱和片的衍射图谱上发生了位移，衍射峰从 15Å 处转移到了 17Å 处。在加热片的衍射图谱上，伊利石在 10Å 处的衍射峰强度发生增强现象；绿泥石在 14Å 处和 7Å 处的衍射峰强度发生了减弱或者消失；蒙脱石的衍射峰从自然片的 15Å 处和乙二醇饱和片的 17Å 处转移到了加热片的 10Å 处；高岭石衍射峰全部消失，变成了非晶质。

2. 黏土矿物的定量分析

黏土矿物的 X 射线衍射（XRD）定量分析，也就是计算沉积物中黏土矿物的百分含量，具体方法是，根据黏土矿物在衍射图谱上的衍射峰强度、高度等计算黏土矿物各自的相对百分含量（张荣科、范光，2003）。

沉积物中黏土矿物的定量计算方法是基于黏土矿物晶面的衍射峰强度及面积比乘以强度因子而计算出来（Setti et al., 2004；Sinha et al., 2007）。长江口启东嘴附近潮滩沉积物样品中黏土矿物在具体定量计算时，采用 Total Pattern Solution（TOPAS 2.0）软件全谱拟合乙二醇饱和片的 XRD 衍射曲线，采用衍射峰的面积比和强度因子来计算沉积物中伊利石、绿泥石、高岭石和蒙脱石四种黏土矿物的各自相对含量，四种黏土矿物的总含量为修正为 100% 来的求得最终的各自相对百分含量。

根据海洋调查规范第八部分海洋地质地球物理调查（GB／T 12763.8—2007）的规定，黏土矿物相对百分含量定量计算的具体步骤如下：①确定权重因子，蒙脱石（d_{001}）为 4，伊利石（d_{001}）为 1，绿泥石（d_{004}）为 1.75，高岭石（d_{002}）为 1，绿泥石（d_{002}）＋高岭石（d_{001}）为 2.5，蒙脱石＋伊利石混层为 2.5，伊利石＋绿泥石混层为 1.75；②读取黏土矿物各自的特征衍射峰高强度值，与权重因子的倒数进行相乘后，再进行加权求和的百分比，就是黏土矿物的相对百分含量。计算公式如下：

$$w = \frac{1}{4} h_m + h_i + \frac{1}{2.5} h_{(c+k)} + \frac{1}{2.5} h_{(m+i)} + \frac{1}{2.5} h_{(c+i)} + \cdots \qquad (4-13)$$

式中，w 为样品中黏土矿物加权峰高之和；h_m 为蒙脱石的峰高；h_i 为伊利石的峰高；$h_{(c+k)}$ 为绿泥石＋高岭石的混层峰高；$h_{(m+i)}$ 为蒙脱石＋伊利石的混层峰高；$h_{(c+i)}$ 为绿泥石＋伊利石的混层峰高。

③计算绿泥石与高岭石的相对百分含量是需要用绿泥石（d_{004}）、高岭石（d_{002}）的峰高值分别除以 1、1.75 再加和后，才能计算出绿泥石与高岭石的百分含量。计算公式如下：

$$h_{(c+k)} = h_k + \frac{1}{1.75} h_c \tag{4-14}$$

$$w_k = \frac{h_k}{h_{(c+k)}} \times w_{(c+k)} \tag{4-15}$$

$$w_c = w_{(c+k)} - w_k \tag{4-16}$$

式中，$h_{(c+k)}$ 为绿泥石（d_{004}）和高岭石（d_{002}）加权峰高之和；h_k 为高岭石峰高；h_c 为绿泥石峰高；w_k 为高岭石质量分数，%；$w_{(c+k)}$ 为绿泥石和高岭石质量分数之和，%；w_c 为绿泥石质量分数，%。

4.5.2　黏土矿物类型与组合特征

1. 黏土矿物含量与变化

根据中国科学院贵阳地球化学研究所编写的《矿物 X 射线粉晶鉴定手册》里的黏土矿物鉴定标准，利用 X 射线衍射（XRD）全谱分析的 MDI Jade 5.0 软件对柱样 YTJ-3 沉积物样品进行了黏土矿物的类型鉴定。根据海洋调查规范第八部分：海洋地质地球物理调查（GB / T 12763.8—2007）中规定的黏土矿物定量计算步骤，利用 Total Pattern Solution（TOPAS 2.0）软件对柱样 YTJ-3 沉积物中黏土矿物的相对含量进行了定量计算。

根据黏土矿物的 X 射线衍射（XRD）分析结果，对柱样 YTJ-3 沉积物中的黏土矿物百分含量的特征统计值进行了计算，包括极值、均值、标准差、变异系数，如表 4-13 所示。长江口启东嘴附近潮滩柱样 YTJ-3 沉积物中的黏土矿物包括伊利石（Illite）、绿泥石（Chamosite）、高岭石（Kaolinite）和蒙脱石（Montmorillonite）四种，黏土矿物含量普遍以伊利石为主，其次为绿泥石，再次为蒙脱石、高岭石。可以看出，伊利石是含量最高的黏土矿物，平均含量为 54.11%，在 39.89%～81.68%；其次为绿泥石，平均含量为 21.30%，在 9.17%～32.61%；蒙脱石的平均含量为 16.21%，在 0.61%～29.17%；高岭石的平均含量最低为 8.37%，在 1.38%～20.89%；变异系数是标准偏差与平均值的比率，是反映数据离散程度的重要指标，根据沉积物黏土矿物的变异系数：高岭石（0.58）＞蒙脱石（0.48）＞绿泥石（0.29）＞

伊利石（0.18），可以看出，沉积物种黏土矿物含量越少，测量值的分布相对就越离散。

表 4-13 黏土矿物含量的统计指标值

矿物类型	伊利石	绿泥石	蒙脱石	高岭石
平均值/%	54.11	21.30	16.21	8.37
最小值/%	39.89	9.17	0.61	1.38
最大值/%	81.68	32.61	29.17	20.89
标准偏差	9.83	6.09	7.86	4.84
变异系数	0.18	0.29	0.48	0.58

长江口启东嘴附近潮滩沉积物中黏土矿物随深度的垂向变化曲线，如图 4-19 所示。可以看出，黏土矿物含量自上而下波动变化明显，伊利石和绿泥石在顶部和底部出现较大的波动，在中部变化较小，相对比较稳定，其中伊利石在深度 172.5cm 处出现峰值，含量达到 78.21%。高岭石呈现出阶段性的变化特征，由底部至表层表现为"增多—减少—增多"变化趋势。蒙脱石含量的变化趋由底部至表层为"减少—增多"。高岭石和蒙脱石在深度约 132.5cm 至地层，表现为显著的镜像对称分布。已有研究表明，在河口的一定范围内，河口和海洋沉积物中黏土矿物在由陆向海的方向上呈现高岭石含量逐渐减少、蒙脱石含量逐渐增加的变化

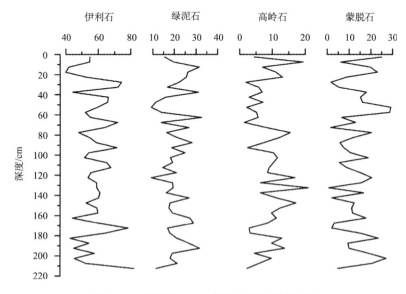

图 4-19 沉积物 YTJ-3 的黏土矿物垂向变化

趋势（赵全基，1992；蓝先洪，2001）。也就是说，随着沉积层序在海岸线不断向海的推进过程中，高岭石含量表现为自下而上的逐渐增加，蒙脱石含量表现为自下而上逐渐减少。通过黏土矿物在垂向上的分布特征可以看出，没有严格遵循这一普遍规律。陆源碎屑物质被搬运入海沉积后，一般都会经历混合作用或再改造作用过程；此外，海洋黏土矿物的分布模式明显地受海区水动力的影响，沿岸流、波浪、潮汐等水动力作用都可使黏土矿物发生运移扩散。

2. 黏土矿物的组合特征

黏土矿物的组合特征一般都是根据黏土矿物的相对百分含量来划分。根据沉积物中各黏土矿物的相对含量，柱样 YTJ-3 沉积物中的黏土矿物组合类型可以划分为五种组合类型，如表 4-14 所示：①伊利石＋绿泥石＋蒙脱石＋高岭石，在所有五种类型占的比例为 37.21%；②伊利石＋绿泥石＋高岭石＋蒙脱石，在所有五种类型占的比例为 37.21%；③伊利石＋蒙脱石＋绿泥石＋高岭石，在所有五种类型占的比例为 20.93%；④伊利石＋蒙脱石＋高岭石＋绿泥石，在所有五种类型占的比例为 2.33%；⑤伊利石＋高岭石＋绿泥石＋蒙脱石，在所有五种类型占的比例为 2.33%。

表 4-14　黏土矿物的组合类型特征

组合特征	百分比	剖面分布
伊利石＋绿泥石＋蒙脱石＋高岭石	37.21%	剖面上交替出现
伊利石＋绿泥石＋高岭石＋蒙脱石	37.21%	
伊利石＋蒙脱石＋绿泥石＋高岭石	20.93%	剖面的上段出现
伊利石＋蒙脱石＋高岭石＋绿泥石	2.33%	剖面的个别层位
伊利石＋高岭石＋绿泥石＋蒙脱石	2.33%	剖面的个别层位

根据不同组合特征所占的百分比可以看出，柱样 YTJ-3 沉积物中黏土矿物以"伊利石＋绿泥石＋蒙脱石＋高岭石"组合类型和"伊利石＋绿泥石＋高岭石＋蒙脱石"组合类型为主，这两种组合类型在柱样 YTJ-3 沉积物的垂直剖面上交替出现。其次，为"伊利石＋蒙脱石＋绿泥石＋高岭石"类型，这种组合特征在柱样 YTJ-3 沉积物的垂直剖面上，主要出现在上段。最后，是"伊利石＋蒙脱石＋高岭石＋绿泥石"的组合类型及"伊利石＋高岭石＋绿泥石＋蒙脱石"组合类型，这两种组合特征在柱样 YTJ-3 沉积物的垂直剖面上，只在深度 122.5cm 处、132.5cm 处等个别层位出现。

4.5.3　小结

（1）黏土矿物普遍以伊利石为主，平均含量为 54.11%，在 39.89%～81.68%，在顶部和底部出现较大的波动，在中部变化较小，在深度 172.5cm 出现峰值，达到 78.21%。绿泥石平均含量为 21.30%，在 9.17%～32.61%，在顶部和底部出现较大的波动，中部变化较小，相对比较稳定。蒙脱石平均含量为 16.21%，在 0.61%～29.17%，由底部至表层为"减少—增多"的趋势。高岭石平均含量最低为 8.37%，在 1.38%～20.89%，由底部至表层表现为"增多—减少—增多"变化趋势。

（2）根据黏土矿物的相对百分含量，划分出了五种组合类型：①伊利石＋绿泥石＋蒙脱石＋高岭石，占 37.21%；②伊利石＋绿泥石＋高岭石＋蒙脱石，占 37.21%；③伊利石＋蒙脱石＋绿泥石＋高岭石，占 20.93%；④伊利石＋蒙脱石＋高岭石＋绿泥石，占 2.33%；⑤伊利石＋高岭石＋绿泥石＋蒙脱石，占 2.33%。第一种组合类型和第二种组合类型在垂直剖面上交替出现，第三种组合类型在垂直剖面的上部出现，第四种组合类型和第五种组合类型只出现在剖面的个别层位。

第 5 章　沉积记录对人类活动的响应

5.1　人类活动对粒度特征的影响

　　抵御风暴潮灾害的海防公路在 20 世纪 50 年代末期修建后，长江口启东嘴潮滩的人类围垦活动日益强烈，在经济发展的驱动下，1970 年、1989 年、1992 年、2006 年又分别修筑了围垦大堤，大规模向海围垦导致近 50 年来海岸线向海推进了约 6km。人类大规模的围垦和修筑海堤改变了原有的海洋动力特征，海岸沉积环境发生较大的变化。沉积物粒度特征与其形成时的环境关系密切，对沉积物的粒度进行分析，能够确定沉积物的类型，判别沉积物的分布模式及环境演变。一般来说，平均粒径反映了沉积动力的强弱情况，较粗的沉积物颗粒反映了高能沉积环境，沉积时水动力条件比较强；较细的沉积物颗粒反映了低能沉积环境，沉积时水动力条件比较弱。根据沉积物组分（砂、粉砂、黏土）百分含量和平均粒径（Φ）在垂向剖面上的变化趋势，柱样沉积物 YTJ-1、YTJ-2、YTJ-3、YTJ-4 表现出明显的差异。

1. 柱样 YTJ-1 沉积特征

　　柱样 YTJ-1 在深度 32.5cm 以下，沉积物颗粒由底部向上呈波动变化且有变细的趋势，砂含量不断减少，黏土和粉砂含量不断增加，如图 5-1 所示。柱样沉积物组分和平均粒径整体上呈现有规律的变化，体现了潮滩自然淤积增高的过程，低潮滩转变为高潮滩，并逐步达到滩面淤积平衡。但是，在剖面中下部深度 147.5cm、187.5cm、242.5cm 处砂含量突然增加，分别为 19%、29.2%、54.8%，可能是受到极端环境变化的影响。长江口启东嘴附近潮滩所在的南通地区濒江临海，受副热带等天气系统影响，气象诱发灾害时有发生，强降雨引起的洪水和风暴潮灾害是主要的灾害（陈聪等，2012；高清清等，2014）。

　　柱样沉积物 YTJ-1 在深度 32.5cm 以上，沉积物颗粒表现出粗化的趋势，平均粒径由 7.283Φ 变为 5.041Φ，相应地砂含量由 0.9% 增加到 21.3%。黏土急剧减少，由 30.6% 减少到 6.9%。粉砂变化不大，由 68.5% 变为 71.8%，如图 5-1 所示。根据野外调查和相关部门调研，柱样沉积物 YTJ-1 位于海防公路（1958 年）与 1970 年大堤之间的旱作物农田耕作区，土壤耕作层深达 50cm。在 1970 年大堤建设前，柱样沉积物 YTJ-1 处于自然淤长过程。在 1970 年大堤建设后，该区域完全变为陆地环境，土壤的耕性不断改善，根系密集，植物根系发达，新鲜草根和已死的根系丰富，有机质含量高。随着熟化的土壤土层不断加厚，土壤在雨水的自然脱盐化下，改良效果显著。随后农业生产活动逐渐增加，在人类活动的影响下，土壤受到不断的轮作翻种，又因为该区域降水量丰富，在雨水的淋溶作用下，细颗粒组分相对于粗颗粒组分更容易流失，粗颗粒组分滞留，最终使得沉积物不断变粗。长江口启东嘴附近潮滩位于长江北支入海口，属亚热带湿润气候区，季风气候十分典型，雨量丰沛，年降水量的年内分布很不均匀，降水量主要是夏季 6、7、8 月，汛期暴雨集中时，易发生洪涝（王涛等，2011）。因此，柱样 YTJ-1 在深度 32.5cm 向上的表层沉积物表现出粗化趋势的原因可能是，在丰富的降水量气候环境背景下，通过不断的轮作翻种的农业生产活动，细颗粒组分容易流失，粗颗粒组分滞留下来，最终使得沉积物不断变粗。

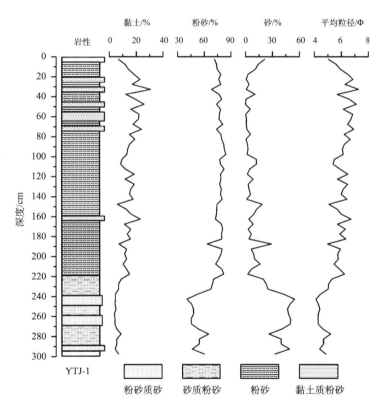

图 5-1　柱样沉积物 YTJ-1 的物质组分和平均粒径垂向变化

2. 柱样 YTJ-2 沉积特征

柱样 YTJ-2 在深度 37.5cm 以下，表现出与 YTJ-1 相似的变化趋势，如图 5-2 所示，即沉积物颗粒由底部向上呈波动变化且有变细的趋势，砂含量不断减少，黏土和粉砂含量不断增加，体现了潮滩自然淤积增高的过程，低潮滩转变为高潮滩，并逐步达到滩面淤积平衡。同样地，在剖面下部砂含量比重大，变动也大，在深度 142.5cm、162.5cm 处砂含量突然增加，分别为 93.3%、67.5%。与 YTJ-1 一样可能也是受到极端环境变化的影响。

柱样沉积物 YTJ-2 在深度 37.5cm 以上，沉积物颗粒也与 YTJ-1 一样表现出粗化的趋势。平均粒径由 6.684Φ 变为 5.135Φ，相应地砂含量由 2.7% 增加到 30.1%。粉砂和黏土含量则逐渐减少，黏土含量由 20.9% 减少到 11.9%，粉砂含量由 76.4% 变为 58.0%，如图 5-2 所示。但是变化的原因与柱样沉积物 YTJ-1 有所不同。根据野外调查，柱样沉积物 YTJ-2 位于 1992 年大堤与恒大集团围垦的 2006 年大堤之间，主要是盐蒿盐碱地，还没有进行开发利用，也就是说，柱样沉积物 YTJ-2 还没有受到人类活动的直接干预。潮滩围垦工程的建设，会改变局部海岸的地形特征与自然演变过程，同时导致围垦区附近海域的水动力环境发生变化，并形成新的冲淤动态平衡（李加林等，2007）。在水动力增强的情况下，细颗粒沉积物随着落潮流被输运到远海海域，粗颗粒沉积物由于能够适应高能动力环境而能够在堤坝前的岸滩上沉积下来，结果使得沉积物表现出粗化的现象（张忍顺等，2002；王艳红，2006）。波浪、潮流、海流等水动力条件的强弱对沉积物的侵蚀、搬运和堆积有着极其重要的影响。沉积物受沿岸流的影响，大量物质被搬运到近岸，波浪、潮流又对原有沉积物进行改造、分选，随着离岸距离增大，能量逐渐减少，水动力条件减弱对沉积物的搬运、改造和分选能力变弱。柱样 YTJ-2 沉积物在深度 37.5cm 以上出现粗化的原因可能就是受到 1992 年大堤建设后人类活动改变海岸动力环境后的间接影响。围垦建堤导致沉积动力条件发生变化，随后进一步影响到淤泥质潮滩地貌的发育过程。根据野外调查显示，启东嘴潮滩在人类大规模的围垦和修筑海堤影响下，海岸沉积环境发生较大变化，加剧了潮汐、波浪等海洋动力对海堤前岸滩的侵蚀。通过与柱样 YTJ-4 沉积物进行比较后，进一步证实了这一看法。恒大集团围垦大堤（2006 年建设）的外侧已呈现砂质海岸的特点，表层样的粒度分析结果显示（Xie et al., 2013），沉积物类型主要是砂，粉砂和黏土的含量非常少，沉积物颗粒由岸向海表现出变细趋势。恒大集团围垦堤坝修建后，岸滩的水动力得以增强，在潮汐动力的分选作用下，细颗粒物质随着落潮流被输运到外海，粗颗粒沉积物由于能够适应高能动力环境而得以保留在堤前岸滩，最终使得堤前岸滩表现出砂质海岸的特征。

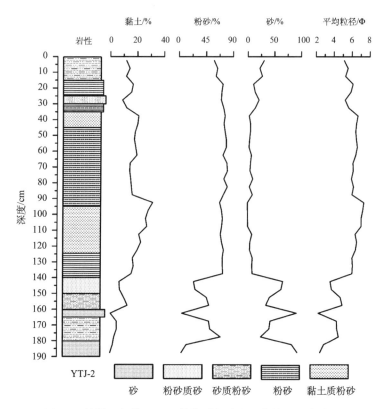

图 5-2　柱样沉积物 YTJ-2 的物质组分和平均粒径垂向变化

3. 柱样 YTJ-3 沉积特征

柱样沉积物 YTJ-3 处于启东嘴互花米草盐沼湿地保护区内，虽然 2011 年在其外围又新建了大堤，但是互花米草盐沼湿地还保持着原始的自然状态，没有受到人类活动的直接干扰。根据启东嘴潮滩柱样 YTJ-3 沉积物的平均粒径在垂向上的变化趋势，如图 5-3 所示。总体上来看，柱样岩心较好地体现了粉砂淤泥质潮滩的沉积特征，随着潮滩逐渐淤高，由低潮滩向高潮滩转变，上部沉积物较细，下部较粗，并逐步达到滩面淤积平衡。也就是说，从低潮滩到高潮滩，潮滩沉积动力由于受到纳潮量大小和水位变化等因素的影响，造成不同的高程有不同的流速。从低潮滩到高潮滩，潮流的流速不断减小，造成细颗粒物质沉降和堆积在潮滩的上部，粗颗粒物质沉降和堆积在潮滩的下部，形成独特的潮滩沉积物垂向分布格局（高抒，2007）。由于沉积层序是在海岸线向海推进的过程中形成的，因此，随着潮滩的淤长发育，低潮滩不断向高潮滩转变，沉积物在垂向分布上表现出由下向上逐渐变细的规律性特征。同样地，在剖面下部砂含量比重大，变动也大。在深度 172.5cm 处砂含量突然增加，达到 35.7%，这与柱样 YTJ-1、YTJ-2 一样，可能也是受到极端环境变化的影响。

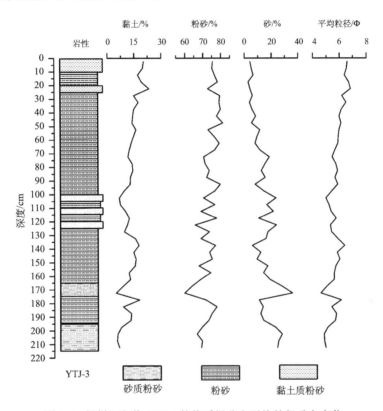

图 5-3　柱样沉积物 YTJ-3 的物质组分和平均粒径垂向变化

在自然状态下，潮滩的发育是水动力、泥沙和地形相互作用的结果。在潮滩地貌的不同部位，在不同水动力条件下，随着泥沙运动强度沿途发生变化，沉积物在潮滩面上存在着明显的分带现象，形成各自的沉积特征，表现出明显的分带性，从海向陆依次为低潮滩、中潮滩、高潮滩、潮上带，沉积物在粒度上也表现出从高潮滩到低潮滩逐渐变粗的趋势（许世远、陈振楼，1997）。随着岸滩的不断淤积，潮滩的四个沉积分带不断向海推进，造成近陆的沉积分带依次覆盖在近海的沉积分带上。在发育成熟的潮滩上，自下而上形成一个完整的沉积相序，沉积物粒径由下向上逐渐变细，下部为较粗的粉砂和细砂质沉积，上部为较细的泥质沉积（朱大奎等，1986；王颖等，2003）。

4. 柱样 YTJ-4 沉积特征

柱样 YTJ-4 沉积物颗粒由底部向上呈波动变化趋势，砂含量不断减少，黏土和粉砂含量不断增加，如图 5-4 所示。其中在深度 63cm 处达到极值，平均粒径由 2.399Φ 变为 3.367Φ，相应地砂含量由 93.3%减少到 67.6%，粉砂和黏土含量则逐渐增加，分别由 6.2%、0.5%增加到 28.6%、3.8%。沿垂直剖面再向上到深度 41cm 处，沉积物向粗化趋势发展，砂含量逐渐增加到 100%，一直到表层，只在局部层位（如深度 35cm）含有少量粉砂（3.4%）和黏土（0.2%）。

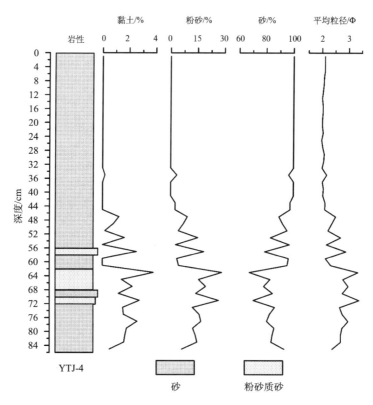

图 5-4　柱样沉积物 YTJ-4 的物质组分和平均粒径垂向变化

一般情况，随着水动力能量的衰减和潮滩被海水淹没时间的缩短，潮滩沉积物的颗粒大小具有由平均低潮线向平均高潮线不断变细的规律。但是对处于恒大集团围垦大堤（2006 年建设）外侧的互花米草前缘潮水沟附近的柱状 YTJ-4 沉积物而言，沉积剖面特征表现为上粗下细的沉积规律，是一个反序沉积，如图 5-4 所示。结合 YTJ-4 采样点的地形条件，不难看出这与围垦建堤密切相关。由于恒大围垦地区突出于周围海岸线，大坝的修建使得 YTJ-4 点的互花米草滩处于凹形湾处。初期：因为凹形岸线，水动力环境相对较弱，一些较细的颗粒能够迅速大量沉积，逐渐上面长满了互花米草，互花米草具有消浪促淤作用，能够吸附较细的沉积物。中期：因为恒大围垦建堤整体突出于海岸线，类似于岬角，受到波浪冲击作用很强，水动力环境相对较强，细粒物质难以沉积，只有较粗的颗粒能够逐渐沉积下来，在互花米草滩外围形成一条条沙坝。后期：随着潮汐的搬运作用，粗颗粒物质不断向近岸搬运，逐渐开始覆盖原先的互花米草滩。至此，形成下细上粗的反序沉积序列。

当人类开始大规模围垦建堤后，新建的海堤必然改变原有的水沙动态平衡关系，潮滩经过长期调整所形成的水流、泥沙和地形之间的动态平衡关系会遭到破坏。Thomalla 和 Vincent（2003）采用了 GIS 空间信息技术，通过研究后，认为英国 Palling Sea 海岸发生侵蚀的主要原因就是修建了防波堤坝等人工建筑。韩国新万金（Saemangeum Groyne）海堤建设后，彻底改变了附近海域的潮流运动，导致 3 号防波堤附近发生大量泥沙淤积，4 号防波堤附近则是严重的侵蚀（Lee and Ryu, 2008；Ryu et al., 2011）。崇明东滩经过多次大规模的围垦后，滩面宽度变窄，盐沼植被破坏，淤涨速率明显减小，潮滩面积从 1987 年的 19705.09 hm^2 剧减到 2002 年的 4773.08hm^2，减少幅度高达 75.78%，年减少率高达 995.47 hm^2/a（高宇、赵斌，2006）。唐山曹妃甸填海工程修建的通岛公路阻断了浅滩潮道，导致通岛公路西侧的浅滩不断淤积衰亡，同时老龙沟附近深槽的流量和流速也受到影响（尹延鸿，2009；尹延鸿等，2011）。围垦建堤、港口建设、流域水利工程等一系列人类活动改变了海岸环境的动力和物质平衡，对海岸环境变化的影响越来越显著（Wolanski and De'ath, 2005），潮滩围垦和堤坝修筑是影响海岸环境变化的最主要人类活动形式。

5.2　人类活动对沉积速率的影响

根据柱样 YTJ-3 沉积物岩心的 ^{137}Cs 剖面蓄积时标，估算出了长江口启东嘴潮滩的多年平均沉积速率为 1.82cm/a（1963～2011 年）。其中，在 1963～1986 年为 2.61cm/a，在 1986～2011 年为 1.10cm/a。虽然 ^{137}Cs 时标法不能给出岩心各层位详细的沉积速率，只能给出某个时间阶段的平均沉积速率，但是根据计算结果，仍可知启东嘴潮滩的沉积速率在整体上的变化趋势和快慢过程。可以看出，自 20 世纪 60 年代以来，启东嘴潮滩的淤积在整体上经历了一个由快到慢的过程。但是随着潮滩逐渐淤高，由低潮滩向高潮滩转变，自 20 世纪 80 年代后，沉积速率开始出现下降趋势，符合潮滩淤长的一般规律。

启东嘴潮滩自从引种了国外的大米草和互花米草后，由于盐沼植物的护滩促淤作用，柱样 YTJ-3 沉积物快速淤长导致沉积速率明显加快。我国于 1963 年从英国成功引进大米草后，1979 年 12 月又从美国引进了互花米草（陈宏友，2009）。互花米草引种后，在淤泥质潮滩的高潮带下部和中潮带上部适宜的生态环境下，迅速占据原生盐沼的生态位，使得原生盐沼水动力条件和沉积地貌过程产生显著变化（沈永明等，2003；张忍顺等，2005；王爱军等，2006）。长江口启东嘴潮滩从蒿枝港至连兴港段，岸线长约 45km，岸段向海凸出明显，潮间带宽 3.5～5.5km，坡度 1.1°～1.2°，由于岸滩外没有大型沙洲的发育，潮间下带在强波浪的作用下容易遭受到侵蚀（陈宏友，1990）。在 1960 年以前岸滩以侵蚀和冲刷为主，局部岸线后退明显，自从 20 世纪 70 年代大面积人工引种大米草后，海堤外泥沙淤涨明显，平均高潮线以上滩面淤积较快，年均淤高速率为 2.3cm/a（陈宏友，1990）。这与根据核素 ^{137}Cs 时标估算的沉积速率 2.61cm/a（1963～1986 年）非常接近，也进一步说明了沉积物定年与沉积速率计算结果的可靠性。根据兴垦农场断面的实测资料，在 1980 年 10 月到 1983 年 4 月时间段内平均高潮线向海推进了约 50m，到 20 世纪 90 年代初期海堤外的水准高程比堤内高了近 50cm（冯小铭等，1992）。大米草和互花米草引种后护滩促淤效果显著，长江口启东嘴潮滩从蒿枝港至连兴港段岸滩已经由冲刷为主转变为淤积为主。但是，随着潮滩高程的逐渐淤高，由低潮滩转变为高潮滩，沉积速率也出现了下降的趋势。

当涨潮流到达盐沼（如互花米草、大米草）滩地后，由于盐沼植物的摩擦阻碍作用，水动力会明显减弱，悬浮物质随之开始发生沉降和堆积；由于落潮初期的水动力较小，滩面上的沉积物无法再悬浮，因而造成盐沼滩地有较高沉积速率。将柱样 YTJ-3 沉积物的沉积速率与邻近区域江苏海岸的王港潮滩、如东潮滩的沉积速率进行比较，如表 5-1 所示，发现沉积速率大体一致，表明互花米草引种后的促淤效果非常显著。

表 5-1　潮滩沉积速率变化的区域差异

地点	测年方法	沉积速率/（cm/a）	资料来源
研究区	^{137}Cs	2.61	本书
王港米草滩	^{137}Pb	3.3	王爱军等,2005
	^{137}Cs	3.1	
如东中潮滩下部	^{210}Pb	1.85	李海清等,2011
南汇中、高潮滩	^{210}Pb	4～5	火苗等,2011

出于护滩促淤的目的，江苏王港潮滩先后引种了大米草和互花米草，致使潮滩地貌的发育过程发生变化，被大米草和互花米草覆盖的潮间带出现了快速淤积，结合 ^{210}Pb 和 ^{137}Cs 方法估算出平均沉积速率分别为 3.3cm/a、3.1cm/a（王爱军等，2005）。江苏如东潮滩位于南黄海辐射沙脊群的掩护岸段，在人类活动尤其是米草的作用下，潮滩具有不断向海淤涨的特点。柱样沉积物的 ^{210}Pb 测试结果，中潮滩中部（米草滩中部）沉积速率为 4.40 cm/a，中潮滩下部（米草滩前缘）为 1.85 cm/a，低潮滩中部为 1.54cm/a（李海清等，2011）。近百余年来，南汇潮滩尤其是中、高潮滩，以淤涨为主，使岸线迅速向海推进，综合 ^{210}Pb 测年的沉积速率估算法和历史海图数字化建立的数字高程模型法两种方法，推断出近 50 余年来，南汇中、高潮滩的沉积速率为 4～5cm/a（火苗等，2011）。盐沼植物的消浪作用和缓流作用降低了水动力在盐沼中的强度，同时也提高了植物对悬沙的黏附作用，导致在光滩上难以沉降的细颗粒悬沙在盐沼中沉积下来，悬沙的促淤导致滩面淤积速率提高，盐沼中的垂向沉积速率可比光滩高 7～8 倍（李华、杨世伦，2007）。长江口启东嘴潮滩北侧区域的沉积速率与盐沼植物，尤其是大米草和互花米草的繁殖扩张密切相关。江苏如东潮滩自中潮滩米草带到低潮滩下部，沉积物颗粒明显变粗，沉积速率显著下降，反映了米草的消波促淤功能（李海清等，2011）。在 20 世纪 80 年代初，江苏王港潮滩引种了大米草后，光滩逐渐转变为米草滩，进而破坏了滩面上原来的水流和悬沙之间的平衡关系，大量悬浮沙随着流速的减小而发生堆积，沉积速率超过光滩的 3 倍以上（王爱军等，2005）。

5.3 小 结

（1）在自然状态下，潮滩沉积物具有由低潮滩向高潮滩不断变细的递变规律，柱样 YTJ-3 沉积物位于自然状态保持良好的互花米草盐沼湿地，较好地体现了粉砂淤泥质潮滩的沉积特征。从低潮滩到高潮滩，由于受到纳潮量大小和水位变化等因素的影响，潮滩沉积动力逐渐减弱。随着潮滩逐渐淤高，由低潮滩向高潮滩转变，上部沉积物较细，下部较粗。此外，大规模引种互花米草后，水动力能量也被大大降低，大量细颗粒泥沙能够淤积，也是导致沉积物变细的重要原因。

（2）柱样 YTJ-1 在深度 32.5cm 以下、柱样 YTJ-2 在深度 37.5cm 以下与柱样 YTJ-3 较好地体现了潮滩的自然过程。其中，柱样 YTJ-1 在深度 147.5cm、187.5cm、242.5cm 处砂含量突然增加，分别为 19%、29.2%、54.8%；柱样 YTJ-2 在深度 142.5cm、162.5cm 处砂含量突然增加，分别为 93.3%、67.5%；柱样 YTJ-3 在深度 172.5cm 处砂含量突然增加，达到 35.7%。柱样岩心在剖面下部出现的多个明显变细和变粗的跃层，可能是潮滩在自然沉积过程中，受到强降雨或风暴潮等极端环境变化的影响。

（3）人类活动能够改变原有的水沙动态平衡关系，使潮滩表现出不同于自然状态下的沉积特征。柱样 YTJ-1 在深度 32.5cm 以上出现粗化趋势，原因可能是在轮作翻种的农业生产活动影响下，细颗粒沉积物组分相对于粗颗粒组分更容易受到雨水的淋失，最终使得沉积物不断变粗。柱样 YTJ-2 在深度 37.5cm 以上和柱样 YTJ-4 表现出粗化的趋势，原因可能是围垦建堤改变了原有的潮汐、波浪等海洋动力特征，增强了原有的水动力环境，因为能够适应高能环境，粗颗粒物质得以沉积。

（4）根据核素 ^{137}Cs 时标计年，启东嘴潮滩的平均沉积速率，在 1963～1986 年为 2.61cm/a，在 1963～2011 年为 1.82cm/a，在 1986～2011 年为 1.10cm/a。盐沼植物能够降低水动力能量和吸附细颗粒泥沙，启东嘴潮滩引种互花米草后，互花米草的消波促淤作用显著，随着潮滩高程的逐渐淤高，由低潮滩转变为高潮滩，沉积速率也出现了下降的趋势。

第6章 沉积物质来源及定量分析

6.1 环境指标的物源示踪

6.1.1 微量元素的物源指示意义

1. 沉积物中微量元素富集系数

通过微量元素丰度的比较，可以揭示地球化学元素的特征。沉积物中的微量元素特征对指示沉积区域的演化历史、沉积环境及沉积物的物质来源具有十分重要的示踪作用。这些微量元素在岩石的风化过程中，常常被固体物质吸附或结合其中，随着颗粒物一起搬运和沉积，能够反映碎屑源区的地球化学特征（赵振华，1997；韦刚健等，2001；金秉福等，2003）。元素的富集系数（EF）是指沉积物样品中元素的丰度相对于地壳而言的富集程度，依据富集系数的大小，可以比较元素丰度相对于地壳的接近、贫化、富集程度，如表 6-1 所示。微量元素富集系数计算公式为

$$EF = \frac{(X \,/\, Ref)_{样品}}{(X \,/\, Ref)_{地壳}} \tag{6-1}$$

式中，X、Ref 为某一选定的元素与参考元素，公式中的分子是样品的元素比值，公式中的分母是地壳的元素比值。

表 6-1 地球化学元素的富集系数的定性描述（据赵一阳、鄢明才，1993）

定性描述	贫化型			接近型	富集型		
	异常贫化	强贫化	弱贫化	接近	弱富集	强富集	异常富集
富集系数	<0.25	0.25~0.5	0.5~0.75	0.75~1.5	1.5~2	2~4	>4

大多数元素在不同粒级的沉积物中具有富集现象，而元素 Al 在表生环境中非常稳定，所以，使用元素与 Al 的比值可以消除沉积物对元素的控制效应。因此，在计算元素的富集系数时，通常都采用元素与 Al 的比值，来进行物源示踪研究。根据富集系数的大小，接近于 1 时，表示物质来源于地壳；大于 10 时，表示物质为非地壳来源（赵一阳、鄢明才，1993；谢远云等，2006）。我国沿海陆架沉积物

的物质来源基本上都是来自入海河流的输沙，因此，地壳的元素比值选择中国东部大陆壳的地球化学元素的丰度值作为参考背景值，数据来自迟清华和鄢明才（2007）编写的由地质出版社出版的《应用地球化学元素丰度数据手册》。微量元素富集系数的计算结果，如表 6-2 所示。可以看出，长江口启东嘴潮滩的柱样 YTJ-3 沉积物中大部分元素的富集系数小于 2，说明沉积物主要来自于大陆地壳。根据微量元素富集系数的定性描述，可以把柱样 YTJ-3 沉积物中的微量元素分成 4 种类型：①元素 Sc、Co、Cu、Sr、Ba 等为接近型；②元素 V、Cr、Mn、Ni、Zn 等为弱富集型；③元素 Ti、Rb、Zr 等强富集型；④元素 Th 为异常富集型。

　　将柱样 YTJ-3 沉积物中微量元素的富集系数与长江、黄河、南黄海沉积物中微量元素的富集系数进行比较，如表 6-2 所示。可以看出，柱样 YTJ-3 沉积物中微量元素丰度与长江最为接近的有 Ti、V、Ni、Zn、Nb、Ba 6 种元素；与黄河最为接近的只有 Sr 一种元素；与南黄海最为接近的有 Sc、Cr、Mn、Co、Cu、Rb、Zr、Pb、Th 9 种元素。通过比较可以看出，微量元素丰度接近黄河的有 1 种元素，占 6.3%；微量元素丰度接近南黄海的最多，有 9 种元素，占 56.3%；微量元素丰度接近长江的有 6 种元素，占 37.5%。

表 6-2　微量元素标准化后的富集系数的区域差异

元素	Sc	Ti	V	Cr	Mn	Co	Ni	Cu	Zn
长江	0.84	2.16	1.60	1.31	1.30	1.02	1.68	2.33	1.95
黄河	0.75	1.46	1.46	1.28	0.81	0.87	1.30	1.03	1.19
南黄海	1.03	2.02	1.13	1.42	1.59	1.05	1.51	1.42	1.39
均值	1.41	2.46	1.66	1.54	1.53	1.37	1.69	1.41	1.80
上段	1.54	2.54	1.76	1.66	1.69	1.49	1.58	1.70	2.21
下段	1.28	2.38	1.55	1.46	1.36	1.24	1.79	1.52	1.39

元素	Rb	Sr	Zr	Nb	Ba	Pb	Th	数据来源
长江	1.82	0.49	2.06	2.46	0.95	4.29	3.59	杨守业和李从先,1999a
黄河	1.50	0.80	2.47	2.04	1.61	2.96	4.64	杨守业和李从先,1999a
南黄海	2.55	0.98	2.66	2.21	1.43	2.44	4.49	杨守业等,2003a
均值	2.91	0.82	3.43	2.68	1.13	2.37	4.13	本书
上段	3.23	0.78	2.94	2.72	1.15	2.59	4.25	本书
下段	2.59	0.84	3.92	2.63	1.11	2.15	4.01	本书

　　为了更好地通过沉积物中微量元素丰度来指示沉积物来源的信息，根据柱样 YTJ-3 沉积物中大多数微量元素丰度在垂向剖面上的变化特征，以深度 52.5cm 为

界划分两段：上段（深度 0～52.5cm）、下段（深度 52.5～215cm）。可以看出，柱样 YTJ-3 沉积物的下段，微量元素丰度与长江沉积物最为接近有 Ti、V、Mn、Ni、Nb、Ba、Th 7 种元素，占 43.8%；与黄河最为接近的为 Sr 元素，占 6.3%；与南黄海沉积物最为接近的有 Sc、Cr、Co、Cu、Zn、Rb、Zr、Pb 8 种元素，占 50.0%。柱样 YTJ-3 沉积物的上段，微量元素丰度与长江沉积物最为接近有 Ti、V、Zn、Nb、Ba 5 种元素，占 31.3%；与黄河沉积物最为接近的为 Sr 元素，占 6.3%；与南黄海沉积物最为接近的有 Sc、Cr、Mn、Co、Ni、Cu、Rb、Zr、Pb、Th 10 种元素，占 62.5%。可以看出柱样沉积物从下到上，随着时间的推移，沉积物受南黄海物质的影响越来越大。综上所述，可以得出长江口启东嘴潮滩沉积物受到长江物质和南黄海物质的共同影响，但是与南黄海物质的关系更为密切。

2. 微量元素比值物源示踪

地球化学元素比值除了可以揭示元素之间的比例关系外，还可以反映元素的富集程度和亏损程度，记录源岩的原始组成，用来进行物源示踪研究（戴慧敏，2005）。尤其是表生环境中稳定而且行为相近的地球化学元素之间的比值能够消除粒度和矿物组成变化所带来的影响，更准确地反映沉积物的元素地球化学特征，可以作为可靠的沉积物识别标志（蒋富清、李安春，2002）。根据沉积物中元素的赋存相态及含量，Ti、Ti/Nb、Cr/Th、Zr/Nb 等微量元素主要存在于稳定的碎屑态中，在表生环境中不易迁移，根据这些微量元素的比值可以清晰地区分中韩河流沉积物，有效地识别来自中国黄河、长江的沉积物和来自韩国荣山江、锦江等河流的物质（杨守业、李从先，2003a）。因此，选取对物源信息保留较好的 Cr/Th、Ti/Nb 等微量元素比值来示踪研究区沉积物的来源，如表 6-3 所示。可以看出，长江口启东嘴附近潮滩的柱样 YTJ-3 沉积物中微量元素的 Cr/Th 比值在 0.27～0.47，平均值为 0.37，与长江沉积物（0.36）最为接近，其次是南黄海（0.32）的沉积物，与黄河的沉积物（0.28）相差最大。柱样 YTJ-3 沉积物中微量元素的 Ti/Nb 比值在 0.83～0.98，平均值为 0.92，与南黄海（0.91）最为接近，其次是长江的沉积物（0.88），与黄河的沉积物（0.72）相差最大。

表 6-3 微量元素标准化后的元素比值的差异

元素比值	Cr/Th	Ti/Nb	元素比值	Cr/Th	Ti/Nb	资料来源
最小值	0.27	0.83	长江	0.36	0.88	杨守业和李从先，1999a
最大值	0.47	0.98	黄河	0.28	0.72	杨守业和李从先，1999a
平均值	0.37	0.92	南黄海	0.32	0.91	徐刚，2010

　　沉积物在形成过程中发生的分馏作用会造成元素在不同粒级中有不同的富集效应，结果使得任一粒级的沉积物都不能代表源岩，为了消除粒级对元素的控制效应，在表生环境中稳定性较好的元素常常被用来示踪物质来源，这些元素在源岩的风化、搬运、沉积过程中较好地记录了物源的信息（王爱萍等，2001）。为进一步考察柱状 YTJ-3 沉积物与长江、黄河、南黄海沉积物的接近程度，将 Cr/Th 和 Ti/Nb 的比值作二元散点图，如图 6-1 所示。从散点图上看，在 Cr/Th 和 Ti/Nb 比值的指标下，柱样 YTJ-3 沉积物的数据投影点比较集中地落在一个区域内，受到长江和南黄海的共同影响，与长江沉积物的关系密切，南黄海沉积物的影响在不断增强。我国沿海陆架沉积物主要来源于黄河、长江等入海河流的输沙，以及海岸带大陆岩石的风化侵蚀。黄河在世界河流中的入海输沙量较大，每年有约 $10×10^8$t 的泥沙入海；长江是世界第三大河，每年有约 $5×10^8$t 的泥沙入海（赵一阳等，2002）。南黄海北部废黄河三角洲的沉积物，主要来自黄河入海泥沙的沉积（Zhao et al., 2001）；南黄海南部的辐射沙洲的发育是基于全新世的古长江三角洲，在历史时期黄河的入海泥沙是其进一步形成的主要物质来源（王颖，2002）；位于长江口和浙闽沿岸的陆架沉积物，是长江入海泥沙在浙闽沿岸流的影响下向南输送而形成（徐方建等，2012）。长江和黄河因其历史上巨大的入海水沙量，是控制我国沿海陆架沉积物的主要物质来源。南黄海沉积物受到长江和黄河的共同影响，在长期的地质过程作用下具有混合源特征。

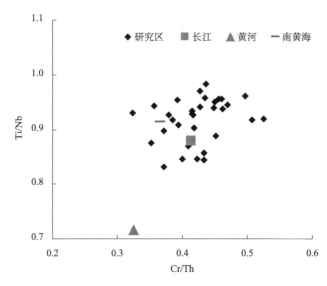

图 6-1　微量元素比值（Cr/Th）/（Ti/Nb）的物源示踪判别图

6.1.2　稀土元素的物源指示意义

对不同物源的沉积物而言，搬运和沉积过程对沉积物中稀土元素的含量、组成和配分模式的影响较大；对相同物源的沉积物而言，搬运和沉积过程的影响相对较小（金秉福等，2003）。因此，可以利用稀土元素在迁移过程中因外界条件变化而表现出的异常特征，来揭示沉积区的物质来源和沉积环境变化（李双林，2001；杨惟理等，2001）。

1. 稀土元素丰度与邻近区域比较

为了使稀土元素丰度具有可比性，通过查阅资料，收集到其他区域的沉积物稀土元素数据，与研究区柱样 YTJ-3 沉积物中稀土元素含量进行对比，如表 6-4 所示，列出了其他区域沉积物稀土元素平均丰度。可以看出，长江口启东嘴附近潮滩柱样 YTJ-3 沉积物的 REE 总量为 178.57μg/g，与南黄海沉积物的 REE 总量（170.22μg/g）最为接近（徐刚等，2012）。与入海河流沉积物的 REE 总量比较（Yang et al., 2002b），高于黄河沉积物的 REE 总量（131.56μg/g），低于长江沉积物的 REE 总量（211.10μg/g）。和中国浅海沉积物的 REE 总量比较（138.97μg/g），稀土元素总量也偏高（赵一阳、鄢明才，1993）。此外，柱样 YTJ-3 沉积物的 LREE/HREE 比值为 8.66，显示出轻稀土富集的特征，与南黄海沉积物（8.81）较为接近，低于长江沉积物（10.79）、黄河沉积物（10.38）和中国浅海沉积物（41.50）。南黄海沉积物中的稀土元素具有中国陆壳物质的特征，在稀土总量和稀土参数的特征上和中国东部上地壳物质非常相似。长江沉积物和黄河沉积物主要来自于我国入海河流输沙，它们的稀土元素也具有中国陆壳物质的特征。与深海沉积物则有较大差别，说明沉积物主要来自中国陆壳，源岩被风化后搬运入海沉积（朱赖民等，2006）。因此，根据柱样 YTJ-3 沉积物中的稀土元素总量和特征参数，可以看出陆源物质是沉积物的主要来源，在源区岩石经过风化后，被河流搬运入海沉积，因而柱样 YTJ-3 沉积物具有明显的陆源性。

表 6-4　稀土元素特征参数的区域差异

特征参数	REE/（μg/g）	LREE/（μg/g）	HREE/（μg/g）	LREE/HREE	δCe	δEu	资料来源
长江	211.10	193.19	17.91	10.79	0.99	0.63	Yang et al., 2002b
黄河	131.56	120.00	11.56	10.38	0.89	0.59	Yang et al., 2002b
南黄海	170.22	152.87	17.35	8.81	0.93	0.67	徐刚等，2012

续表

特征参数	REE/（μg/g）	LREE/（μg/g）	HREE/（μg/g）	LREE/HREE	δCe	δEu	资料来源
中国浅海沉积	138.97	135.70	3.27	41.50	0.99	0.63	赵一阳和鄢明，1993
研究区	178.57	160.07	18.50	8.66	0.96	0.67	本书

沉积物中的稀土元素在通常情况下都表现为稳定的+3价，只有Ce和Eu这两种元素有变价，在沉积环境发生变化的情况下，会与其他稀土元素发生分离，进而造成Ce和Eu的异常现象。因此，δCe异常和δEu异常是重要指标，可以用来反映沉积环境的氧化还原条件和源区的风化程度（冯旭文等，2011）。在强还原环境下，Eu^{3+}能够还原成可溶解的Eu^{2+}而丢失，造成沉积物中Eu负异常现象。河口处于河流冲淡水与海水混合区域，具有强还原环境的形成条件（Hannigan et al.，2010）。柱样YTJ-3沉积物样品的δEu值在0.62～0.71，平均值为0.67，说明相对于球粒陨石沉积物，无论是在源岩风化过程中，还是在河口区的沉积过程中均有明显异常现象，分异程度与大陆地壳比较接近，揭示出沉积物主要来源于陆源物质。沉积物中的稀土元素Ce发生异常通常有两种情况，一是在干燥寒冷和弱酸性的气候条件下，源岩在被外界环境风化时，由于水解作用，Ce^{4+}很容易淋析出Ce^{3+}，造成沉积物中Ce负异常现象；二是在海洋沉积环境中，稀土元素Ce在海水中的滞留时间要远远短于其他稀土元素，由于海水具有强氧化性，Ce^{3+}在氧化环境下很容易被氧化成难溶于水的Ce^{4+}，最终以CeO_2的形式沉淀，结果使得海水中的Ce表现为亏损，沉积物中的Ce表现为富集。当δCe大于1时为正异常，δCe小于1时为负异常，距离1越大异常越强烈。已有研究表明，由海岸线向大洋的方向，由于来自大陆的碎屑物质逐渐减少，海水中负Ce异常的量值逐渐增加（Hannigan et al.，2010）。柱样YTJ-3沉积物的δCe值在0.88～1.02，平均值为0.96，接近中国东部陆壳，说明沉积环境的氧化—还原条件和酸碱性的变化不大，不具备发现δCe异常的条件，沉积物主要是来源于陆源碎屑物质，而不是来自海水的提供。

2. 稀土元素配分模式物源示踪

影响沉积物中稀土含量的因素比较复杂，既有粒度的因素，又有物源的因素，还有沉积物的矿物成分等因素。因此，在利用稀土元素标准化曲线作物源分析和研究时，不仅要比较稀土元素的绝对丰度，还要注重稀土元素标准化曲线的几何形态（杨守业、李从先，1999b；徐刚，2010）。目前，稀土元素的标准化配分模式通常采用球粒陨石（CN）、北美页岩（NASC）或上陆壳（UCC）稀土元素的均值作为标准进行分析。由于球粒陨石中的稀土元素没有发生分馏，一般都将其当成地球的原始状态，以此物质为标准进行标准化处理，可以揭示出沉积区的物源特征，以及沉积区与地球原始物质之间的分异程度。北美页岩（NASC）或上陆壳（UCC）的平均值常被用来作为大陆地壳的代表，以此作为标准样在对目标样进行标准化处理时，可以了解沉积物中的稀土元素在源岩风化、碎屑搬运和沉积时的分异程度及混合、均化的影响（金秉福等，2003；孔祥准等，2007）。因此，利用沉积物中稀土元素的标准化配分模式的曲线，来更好地指示物质来源。根据柱样 YTJ-3 沉积物中稀土元素含量在垂向剖面上的变化特征，以深度 52.5cm、172.5cm 为界划分 3 段：上段（深度 0～52.5cm）、中段（深度 52.5～172.5cm）、下段（深度 172.5～215cm），将不同层段的标准化配分模式进行对比分析沉积物在不同年代背景下的差异。

　　稀土元素球粒陨石标准化的数据来自 6 个 Leedey 球粒陨石平均值（Masuda et al.，1973），该数据灵敏度高，数据更加准确，采用的是质谱同位素法（ICP-MS）（赵志根，2000）。柱样 YTJ-3 沉积物中的稀土元素经过推荐的球粒陨石平均值标准化后，得到的分布曲线，如图 6-2 所示。可以看出，尽管柱样 YTJ-3 沉积物中的稀土元素在岩心不同层位的含量不同，沉积物的岩性不同，但分布模式基本一致。从元素 La 到 Lu，REE 球粒陨石的标准化值逐渐减小，有明显的 Eu 负异常现象；轻重稀土分异显著，表现出左高右低趋势，为明显的右倾斜模式，其中 La—Eu 曲线变化较陡，Eu—Lu 曲线变化平缓，具有明显的陆源沉积物配分曲线的特点。在 Eu 处呈"V"型，有较明显的"谷"，存在明显的 Eu 负异常，表明 Eu 在沉积物中出现一定的分异，相对于球粒陨石呈一定程度的亏损，而 Ce 则无明显异常，表现出陆壳的沉积特征。

　　与长江沉积物、黄河沉积物、南黄海沉积物的球粒陨石标准化曲线比较来看，如图 6-2 所示。在稀土元素丰度上，轻、重稀土的富集程度高于黄河沉积物，更接近于南黄海、长江沉积物。但是在配分曲线上，这几种沉积物之间没有明显的差异，都表现为右倾模式，即轻稀土富集、重稀土亏损，存在明显的 Eu 负异常。由于物质组成和气候条件的差异，长江沉积物的稀土总量高于长江沉积物的稀土总量，稀土元素特征有明显的不同（蒋富清等，2008）。已有研究表明，深海沉积物的稀土元素有明显的 Ce 负异常现象，标准化配分曲线比较平缓，属于典型的大洋型（王中刚等，1989），这与柱样 YTJ-3 沉积物所表现出来的特征差别很大，这表明沉积物主要来自陆源物质，而且在不同时期具有相同的物质来源，源区具有大陆地壳性质。沉积物在源区经过岩石风化，河流搬运后入海沉积，具有明显的陆源性。

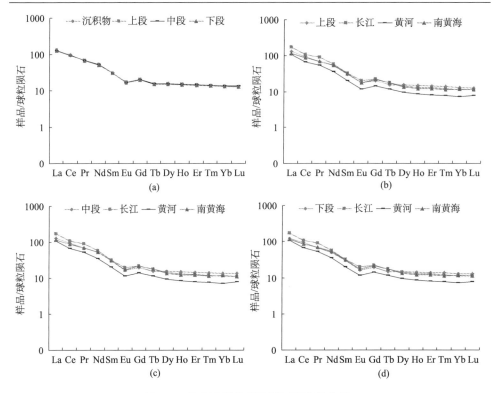

图 6-2 稀土元素的球粒陨石标准化曲线

稀土元素经过上陆壳（UCC）平均值标准化后（Taylor and McLennan, 1985），得到的分布曲线，如图 6-3 所示。可以看出，柱样 YTJ-3 沉积物稀土元素的上陆壳标准化配分曲线在形态分布上基本一致，曲线总体上比较平坦，未见明显的 Ce、Eu 异常，说明不同时期沉积物具有相同的物源区，颗粒物在沉积过程中混合比较均匀，稀土元素的分异程度小，相对于上陆壳沉积物而言，从源区向经河流向海搬运和沉积过程中没有明显的分异。

与长江沉积物、黄河沉积物、南黄海沉积物的上陆壳标准化曲线进行比较，如图 6-3 所示。在稀土元素丰度上，柱样 YTJ-3 沉积物稀土元素的标准化值高于黄河沉积物，与长江和南黄海的沉积物较为接近。在曲线形态分布上，轻、重稀土的富集程度低于黄河沉积物和长江沉积物，更接近于南黄海沉积物。总体而言，柱样 YTJ-3 沉积物与南黄海沉积物的配分曲线具有一致性，沉积物源主要是南黄海物质。长江和黄河的巨量入海泥沙对我国沿海陆架沉积有重要贡献。虽然稀土元素的组成特征在长江沉积物与黄河沉积物中有所不同，但是分布模式与世界其他河流沉积物一致，可以反映河流入海陆源物质的稀土元素基本组成特征，可以用来示踪海洋沉积物，尤其是近海陆架沉积物中的陆源物质组成（杨守业、李从先，1999c）。南黄海沉积物继承了中国陆地上陆壳稀土元素的特点，稀土元素组成与上陆壳相似（蓝先洪等，2006；朱赖民等，2006；徐刚等，2012）。依据上陆壳标准化的分布模式，可以得知，柱样 YTJ-3 沉积物具有陆壳物质的特征。

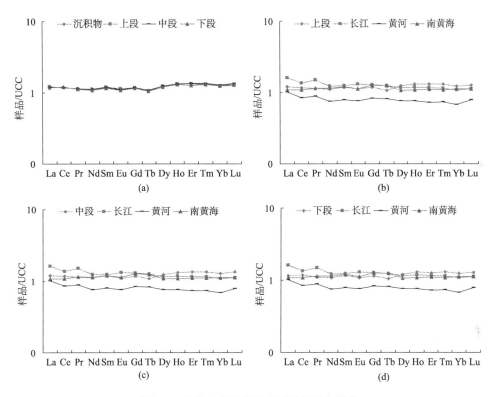

图 6-3　稀土元素的上陆壳标准化配分模式

3. 物源判别函数与源区识别

稀土元素在表生环境下的地球化学性质非常稳定，各元素之间性质非常相似，是进行物源判别的理想示踪元素。为了进一步分析柱状样 YTJ-3 沉积物与周边主要源区沉积物之间的关系，可以采用判别函数 DF 来判断研究区沉积物与来源沉积物的接近或差异程度。判别函数 DF 的计算公式如下：

$$DF = \left| C_{ix} / C_{im} - 1 \right| \tag{6-2}$$

式中，C_{ix} 表示研究区沉积物中 i 元素的质量分数或两个元素的比值；C_{im} 为某一端元沉积物（来源沉积物，长江、黄河、南黄海沉积物）中 i 元素的质量分数，或者是任意元素之间的比值。一般情况下，*DF* 值小于 0.5，就可以说沉积物比较接近；*DF* 值越小，越接近于 0，表示研究区沉积物中的元素越接近于端元沉积物；*DF* 值越大，越偏离 0，表示研究区沉积物中的元素越远离端元沉积物（谢远云等，2006；孔祥准等，2007）。

已有研究表明，稀土元素的轻、重稀土元素的比值 LREE / HREE 能够有效区分我国入海河流的沉积物来源（胡邦琦等，2011），因此，通过选择 ΣLREE/ΣHREE 比值，计算了启东嘴附近潮滩的柱样 YTJ-3 沉积物的判别函数 *DF* 值。物源判别函数 *DF* 值的结果如图 6-4 所示，*DF*黄河平均值为 0.36，变化范围在 0.22～0.65，*DF*长江平均值为 0.16，变化范围在 0.03～0.24；*DF*南黄海平均值为 0.07，变化范围在 0.01～0.27；可以看出，黄河沉积物的判别函数 *DF* 值大于长江和南黄海，说明柱样 YTJ-3 沉积物与长江沉积物、南黄海沉积物非常接近，而与黄河沉积物相差较大。

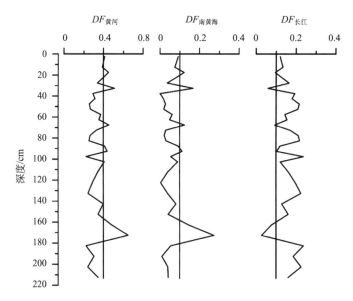

图 6-4　稀土元素物源判别函数 *DF* 值的垂向变化

通过进一步分析发现，长江、南黄海判别函数 *DF* 值随深度的变化成反相关关系，在深度明显变化的位置判别函数 *DF* 值也相应具有明显变化，尤其是在深度 172.5 cm 处出现变化峰值。这说明柱样 YTJ-3 沉积物主要来源于南黄海物质，长江沉积物的判别函数的极值变化可能与长江流域的强降水有关，已有研究表明，长江流域每隔 8～10 年，长江就要发生一次洪水（施雅风等，2004；门可佩，2014），长江流域大部分地处东亚副热带季风区，气候温暖湿润，四季分明，季风气候十分典型。由于辽阔的地域和复杂的地形，长江流域年降水量在时空上分布非常不均匀，汛期暴雨集中时，易生洪涝。夏季降水的强度和季风强度之间有密切的关系，季风的强度和位置决定了降水的强度和位置（刘长征等，2004；孙颖、丁一汇，2009）。根据放射性核素 [137]Cs 计年时标估算的多年平均沉积速率为 1.82cm/a（1963～2011 年），在 1963～1986 年为 2.61cm/a，在 1986～2011 年为 1.10cm/a。考虑到潮滩早期的沉积速率较大，采用最大沉积速率计算了深度 172.5cm 的年代，计算结果显示为 1930 年。长江流域在 1931、1954 和 1998 年发生了 3 次全流域性大洪水。考虑 [137]Cs 测年存在的误差，在深度 172.5 cm 处出现判别函数 *DF* 值变化峰值，可能是长江流域 1931 年洪水所致。

　　此外，还有学者认为沉积物中 REE 和 LREE/HREE、δEu 之间差异，也可以作为区分不同物源区的示踪指标（张霄宇等，2009；胡邦琦等，2011），已有学者利用球粒陨石标准化的 δEu 和 ΣREE 之间的关系将长江沉积物和黄河沉积物进行了定量区分（Jiang et al., 2009）。利用 REE 和 LREE/HREE 之间的差异也能够对黄海入海沉积物的物源进行可靠识别（Liu et al., 2009）。因此，选取 REE、LREE/HREE、δEu 来比较柱样 YTJ-3 沉积物与长江物质、黄河物质、南黄海物质的差异。将柱样 YTJ-3 沉积物的所有点投射到 REE、LREE/HREE、δEu 组成的二端元分布图上，如图 6-5 所示，可以清楚地看出，长江口启东嘴附近潮滩的稀土元素特性与黄河沉积物具有明显的不同，与长江沉积物的关系没有与南黄海物质的关系密切。可以说与南黄海物质的关系最为接近。稀土元素的 REE 和 LREE/HREE、δEu 比值能够很好地将这几个区域分开。

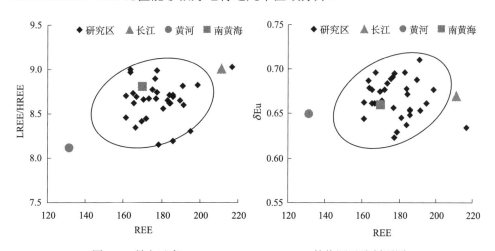

图 6-5　稀土元素 REE、LREE/HREE、δEu 的物源示踪判别图

6.1.3 黏土矿物的物源指示意义

　　黏土矿物是沉积物的主要成分，普遍存在于各种沉积物和沉积岩中，黏土矿物不同的类型和组合特征是在不同的气候条件下形成的（隆浩等，2007），受到物源区的母岩性质、风化程度、搬运过程和沉积作用等因素的综合影响（Boulay et al.，2003；Tamburini et al.，2003；徐方建等，2009b）。由于物源不同，搬运动力强弱有别和搬运距离的长短不等，造成不同海域的沉积物在矿物含量、组合方式和分布特征等方面存在明显的差别。这些差别可为追踪沉积物的来源，判断沉积过程和环境变化提供有效的证据。黏土矿物含量在浅海区占到海洋沉积物的 1/3（Petschick et al.，1996），对水动力作用的响应极为敏感，因此黏土矿物可作为指示物用来识别沉积物来源和沉积过程特征（何良彪，1989；蓝先洪，2001）。根据黏土矿物的含量和结晶程度、组合特征及沉积分异，可推测其形成时期的气候环境，是提取环境变化信息的重要载体（鲁春霞，1997）。将黏土矿物作为环境指标在研究古气候变化、沉积环境变化、物质来源示踪等方面取得了丰富的成果（Gingele et al.，2001a，2001b；Liu et al.，2007；Dou et al.，2010b）。因此，沉积物的矿物分析已成为海洋沉积学的重要研究内容，对海洋沉积物进行矿物组成和分布规律的分析，可了解沉积物的来源和蚀源区的母岩成分，并进一步揭示不同矿物入海后的分异规律（陈丽蓉，1989；李艳等，2009）。

　　由于地质环境和气候条件的差异，长江和黄河在黏土矿物的组合类型上有所差异。根据黏土矿物的相对含量由大到小的依次排序，长江沉积物分别是伊利石-高岭石-绿泥石-蒙脱石，黄河沉积物分别是伊利石-蒙脱石-绿泥石-高岭石。长江型沉积物中伊利石含量相对较高（约 70%）、蒙脱石含量相对较低（约 5%～7%），以伊利石/蒙脱石的比值大于 8 为特征；黄河型沉积物中伊利石含量相对较低（约 60%）、蒙脱石含量相对较高（约 15%），以伊利石/蒙脱石比值小于 6 为特征（范德江等，2001）。南黄海沉积物中的黏土矿物以伊利石为主，按绿泥石、高岭石和蒙脱石 3 种矿物含量的多少可以划分为多个组合类型（时英民等，1989；宋召军等，2008；蓝先洪等，2011b）："伊利石-蒙脱石-高岭石-绿泥石"组合类型（Ⅰ型）、"伊利石-高岭石-蒙脱石-绿泥石"组合类型（Ⅱ型）、"伊利石-高岭石-绿泥石-蒙脱石" 组合类型（Ⅲ型）、"伊利石-高岭石-绿泥石"组合类型（Ⅳ型）。

　　物质来源决定了沉积物中黏土矿物的初始类型，并且可根据各种黏土矿物的成因特点反映其来源所在。从黏土矿物的组合类型上来看，柱样 YTJ-3 沉积物中的黏土矿物组合类型兼有长江与黄河的特征而具有过渡性，与南黄海的矿物类型一致。根据黏土矿物的相对百分含量，可划分出五种组合特征：①伊利石＋绿泥石＋蒙脱石＋高岭石，占所有样品的 37.21%；②伊利石＋绿泥石＋高岭石＋蒙脱石，占所有样品的 37.21%；③伊利石＋蒙脱石＋绿泥石＋高岭石，占所有样品的 20.93%；④伊利石＋蒙脱石＋高岭石＋绿泥石，占所有样品的 2.33%；⑤伊利石＋高岭石＋绿泥石＋蒙脱石，占所有样品的 2.33%。第一和第二种组合特征在垂直剖面上交替出现，第三种组合类型在垂直剖面的上部出现，第四和第五种组合特征只在剖面的个别层位。柱样 YTJ-3 沉积物中的伊利石／蒙脱石比值大于 8 占 30.23%，小于 6 占 65.12%，介于 6～8 之间的占 4.65%。蒙脱石的含量较高可能与黄河的物质来源有关。通过蒙脱石、伊利石、高岭石＋绿泥石三角端元图，如图 6-6 所示，也表明长江口启东嘴附近潮滩柱样 YTJ-3 沉积物中黏土矿物在端元图中的数据投影点比较集中地落在一个区域内，明显地围绕近南黄海物质分布，表明黏土矿物来源与南黄海密切相关，主要为南黄海型物质。

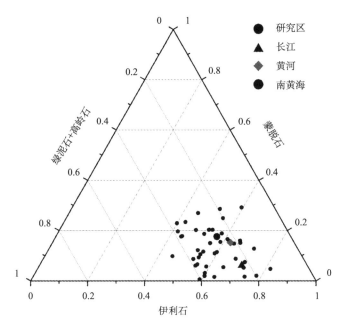

图 6-6　黏土矿物的伊利石-蒙脱石-绿泥石＋高岭石的端元图

6.1.4　物源示踪的结果比较

1. 微量元素组成的影响因素

长江和黄河沉积物中微量元素分别是在不同源岩性质和风化作用下形成的，最终使得长江与黄河沉积物的地球化学元素组成具有明显的差异（杨守业、李从先，1999a）。由于广阔的流域范围，长江沉积物的来源相对比较复杂，中酸性岩浆岩广泛分布，源岩的化学风化作用强烈，结果造成长江沉积物富集大多数的微量元素，且微量元素的丰度变化较大。黄河相对富集 Sr、Ba、Th、Zr、Hf 等少数微量元素，元素含量变化较小，表明黄河沉积物的物源则相对单一；黄土高原的物质主要是黄土，物理风化作用强烈，结果造成了黄河沉积物的微量元素特征。

　　黄河处于温带半干旱和暖温带半湿润地区，长江处于中亚热带湿润地区，水分和热量自北而南增加。长江流域的气候湿热，植被丰富，降水量多，化学风化强，物理风化弱，主要为硅酸盐与碳酸盐风化，物理与化学的侵蚀率之比在 2～5左右。长江流域强烈的化学风化导致淋溶作用也比较强，结果造成可溶性盐类大量淋失，活动性相对较弱的元素如 Sc、Ti、Al、Fe、Th、Cr 等能够得以保存下来。黄土高原气候寒冷干旱，植被少，降水量也少，土壤松散，以蒸发盐类及碳酸盐风化为主，物理风化严重，物理与化学侵蚀率之比在 75 左右，元素在风化时变化比较小。黄河流域物理风化作用强烈，使得碱、碱土金属的淋失也比较少，结果造成蒸发盐含量比较高，富集 Ca、Sr、Na 等元素。

　　南黄海沉积物中的微量元素在分布上有明显的差异，原因就是物质来源与沉积物类型不同的相关性（蓝先洪等，2006）。南黄海沉积物中微量元素 Rb、Cu、V、Sr、Ba、Co、Ni、Pb、Cr 的丰度在长江沉积物和黄河沉积物之间，具有明显的亲陆性和物源的多源性。其中元素 Sr 的分布与黄河、长江和生物碎屑碳酸盐的贡献有明显关系，元素 Co 的分布反映了长江物质的运移方向，元素 Ba、Cu 与沉积物类型相关性不明显，不受沉积物粒度控制。南黄海沉积物中微量元素 Th、Nb、Ta、Zr、Hf、Sc、Ti 的丰度和特征元素的比值和我国东部上地壳非常接近，说明南黄海沉积物主要来自中国大陆岩石的风化产物（朱赖民等，2006）。这些元素几乎全部来自碎屑物质，且大多属于高场强元素，化学行为不活泼，在源岩风化的时候，常和碎屑固体物质结合在一起，随着颗粒物被一起搬运，很少在海洋自生物质中富集，在海水中的含量非常少，且存留时间很短，较好地体现了陆源碎屑物质的地球化学特征。

　　2. 稀土元素组成的制约因素

　　稀土元素的地球化学特征，一般来说，受到源区的源岩和风化条件的制约。黄河流域强烈的物理风化和黄土的特性是决定黄河沉积物中稀土元素组成的主要因素；长江流域强烈的化学风化和复杂的源岩是决定长江沉积物中稀土元素组成的主要因素（杨守业、李从先，1999c）。物质来源的不同造成长江沉积物和黄河沉积物中稀土元素地球化学特征的差异，风化程度的不同使两者的差异性更加明显（张霄宇等，2009）。

　　黄河沉积物主要来自黄河流域的黄土高原，土壤呈碱性，pH 值为 7.5～8（陈静生等，1984）。黄河流域的物理风化作用强烈，以蒸发盐和碳酸盐类风化为主，一般不发生分馏现象。尽管黄土沉积物的稀土元素总量高于黄河沉积物，但是两者的稀土元素的分馏程度和配分曲线非常相似。黄河沉积物由于物质来源比较单一，稀土总量属于偏低的类型，同时稀土总量的变化也比较小。长江流域中酸性岩浆岩发育广泛，在中上游和下游都有分布，与酸性岩有关的稀土矿产分布较广，稀土总量属于偏高的类型。长江流域的化学风化作用强烈，大量碱金属和碱土金属被淋溶带走，pH 值降低为 5～6，土壤呈弱酸性（陈静生等，1984），使得重稀土比轻稀土更容易发生迁移，结果造成稀土元素发生分馏现象，沉积物富集轻稀土，且稀土含量高于黄河沉积物。

　　南黄海沉积物中稀土元素的特征主要受物源性质和源区环境的制约，以南黄海西部陆架区表层沉积物为研究对象，对稀土元素的地球化学特征进行了深入研究，结果表明，稀土元素主要受源岩控制，稀土元素的配分曲线均为右倾的负斜率模式，相对富集轻稀土元素，显示中等程度的 Eu 负异常，无明显 Ce 异常（蓝先洪等，2009；徐刚等，2012）。南黄海沉积物中稀土元素的总量、参数特征、配分模式都与长江沉积物、黄河沉积物和中国东部上地壳沉积物都比较接近，而与深海沉积物则有较大的差别，这反映了南黄海的沉积物主要来自陆源碎屑物质，而不是海水提供，源岩经过风化后，由河流搬运入海沉积而成，与大陆壳具有亲缘性（朱赖民等，2006）。此外，进一步地从稀土元素地球化学特征的区域变化来看，南黄海沉积物物质主要来源于大陆地壳，东部沉积物来源于朝鲜半岛入海河流的物质输入，西部沉积物来源于我国入海河流黄河和长江的物质输入（蓝先洪等，2006）。

3. 黏土矿物组合的影响因素

　　物源和源区的气候条件是决定沉积物中黏土矿物含量多少的重要因素，黏土矿物的物源决定黏土矿物的初始种类和组合特征，可根据黏土矿物的含量和组合反映其物质来源。高岭石主要在暖湿的气候条件下形成，伊利石和蒙脱石主要在干冷的气候条件下形成。高岭石含量越高，说明气候越温暖湿润，化学风化也就越强烈；反之，伊利石和蒙脱石含量越高，说明气候越寒冷干燥，化学风化也就越弱（隆浩等，2007）。

　　长江沉积物的源区和黄河沉积物的源区分别位于暖湿和干冷两种不同的气候条件下，具有不同类型的风化作用，因而使得黏土矿物的相对百分含量存在较大差异，进而造成黏土矿物的组合特征也有较大的差异。黄河沉积物主要来自黄土高原，在干旱寒冷的气候条件下，物理风化能力强，化学风化能力弱，土壤多呈碱性，除伊利石较多外，容易形成蒙脱石，不易形成高岭石，黄河入海沉积物基本继承了黄土富含蒙脱石的特点，高岭石含量低（程捷等，2003）。长江流域的岩石类型复杂，气候环境温暖湿润，植被发育，化学风化强度能力强，土壤多呈酸性，不易形成蒙脱石，容易形成高岭石，因而长江沉积物中蒙脱石含量低，高岭石含量相对较高（何梦颖等，2011）。南黄海黏土矿物主要来自陆源碎屑物质，一是由沿岸流携带而来的现代黄河物质与苏北老黄河口堆积体受侵蚀再搬运而来的物质，二是长江径流入海向东偏北方向运移进入南黄海的物质（宋召军等，2008；蓝先洪等，2011a）。根据沉积物中黏土矿物的类型和组合共生的特点，南黄海沉积物主要来自于周边黄河、长江水系等携带的大量陆源物质和邻近海域沉积物的再沉积作用，伊利石占主要地位，其余黏土矿物按照相对百分含量的多少，可划分多个组合类型。

4. 多环境指标物源示踪的结果比较

通过微量元素、稀土元素、黏土矿物等物源示踪剂对长江口启东嘴附近潮滩的沉积物来源进行了分析。使用元素与 Al 的比值可以消除沉积物对元素的控制效应，归一化处理后，计算了元素的富集指数，通过比较发现受南黄海物质的影响最为显著。根据 Cr/Th 和 Ti/Nb 的元素比值绘制了微量元素的二元散点图，表明沉积物具有亲陆性，与长江物质的关系密切，南黄海物质的影响在不断增强。稀土元素 REE 总量高于黄河物质，低于长江物质，接近于南黄海物质。球粒陨石标准化后的配分模式与南黄海物质最为接近。根据沉积物中 REE 和 LREE/HREE、δEu 的二端元分布图，以及 LREE/HREE 比值计算的判别函数 DF 值，表明南黄海物质是主要供给源。黏土矿物的组合特征、伊利石/蒙脱石比值、三角端元图的分析结果，表明长江口启东嘴附近潮滩的沉积物兼有长江物质与黄河物质的特征而具有过渡性，南黄海物质的关系最为密切。

除微量元素的 Cr/Th 和 Ti/Nb 比值结果存在些微差异外，其他结果表明与南黄海沉积物关系最为密切。原因可能是，为了发展经济，提高生活质量，越来越强烈的工农业生产活动对沉积物中的地球化学元素产生了干扰，进而影响了测试的精度。一般而言，影响沉积物中地球化学元素的因素主要是流域的地质背景、气候条件和风化程度等自然因素。随着经济的快速发展，人类活动的影响越来越强烈，尤其是 Hg、Cu、Zn、Pb、Cd、Cr、As 重金属微量元素的影响尤为明显。采用单项和多项综合评价法对长江口启东嘴邻近海域的自然环境质量进行了评价

（忻丁豪等，2009），评价结果表明自然环境已受到人类活动强烈影响，处于中污染水平，涨落潮间的变化幅度很小，海域的环境质量已严重下降。

　　启东嘴附近潮滩位于长江北支口门，通过微量元素、稀土元素、黏土矿物等环境指标的物源示踪结果，都显示出沉积物与南黄海物质的关系最为密切，而不是来源于长江入海泥沙的供给。原因可能是，柱样 YTJ-3 沉积物的长度较短，柱样沉积物的长度为 215cm，所能够代表的时间尺度较小，根据核素 ^{137}Cs 的蓄积峰，辨认出了 1963 年和 1986 年两个时标，分别在深度 87.5cm 处和 27.5cm 处。全球范围内 ^{137}Cs 可检测到的最早年份为 1954 年，柱样 YTJ-3 沉积物中 ^{137}Cs 非零蓄积峰在深度 147.5cm 处，根据沉积速率推算，柱样沉积物只能反映近五十年的变化，至多不超过百年尺度。而长江北支在近百年来沉积动力条件发生了根本性的变化，长江北支河槽的水动力环境已由以径流作用为主转成了以潮流作用为主，成为强潮型河口，且涨潮流大于落潮流，北支已无入海输沙，沉积物只能来自口门外海域向内输沙。因此，为了深入分析长江口启东嘴附近潮滩的物质来源及输移路径，还需要对长江北支和近海海域的水动力条件做进一步分析，同时尽可能地对物源贡献率进行定量识别。

6.1.5　小结

　　（1）使用元素与 Al 的比值可以消除沉积物对元素的控制效应，归一化处理后，计算了元素的富集指数，并与长江物质、黄河物质、南黄海物质进行了比较，与南黄海最为接近的有 Sc、Cr、Mn、Co、Cu、Rb、Zr、Pb、Th 9 种元素，占 56.3%；与长江最为接近的有 Ti、V、Ni、Zn、Nb、Ba 6 种元素，占 37.5%；与黄河最为接近的只有 Sr 元素，占 6.3%，表明沉积物受到南黄海物质的影响最为显著。根据 Cr/Th 和 Ti/Nb 的元素比值绘制了微量元素的二元散点图，数据投影点比较集中地落在一个区域内，受到长江和南黄海的共同影响，与长江沉积物的关系密切，南黄海沉积物的影响在不断增强。

　　（2）沉积物中稀土元素 REE 总量为 178.57μg/g，最为接近南黄海的 REE 总量（170.22μg/g），高于黄河的 REE 总量（131.56μg/g），低于长江的 REE 总量（211.10μg/g）。经过球粒陨石标准化后的配分模式，在稀土元素丰度和配分曲线上也是与南黄海物质最为接近，表现为轻稀土富集的右倾模式，存在明显的 Eu 负异常。采用 LREE/HREE 比值计算的判别函数 DF 值，DF $_{黄河}$平均值为 0.36，DF $_{长江}$平均值为 0.16，DF $_{南黄海}$平均值为 0.07，判别函数 DF 值与黄河沉积物差别最大，长江次之，与南黄海沉积物最为接近，DF 值在深度 172.5 cm 处出现的变化峰值，可能与长江流域 1931 年洪水有关。根据 REE 与 LREE/HREE、δEu 的数据绘制的稀土元素的二元散点图，数据投影点比较集中地落在一个区域内，主要围绕南黄海物质分布，表明南黄海物质是沉积物的主要供给源。

（3）沉积物中的黏土矿物有多个组合特征，类型一、类型二、类型三分别占到所有组合类型的37.21%、37.21%、20.93%。伊利石／蒙脱石比值大于8的占30.23%，小于6占的65.12%，介于6～8的占4.65%。在蒙脱石、伊利石、高岭石＋绿泥石三角端元图，数据投影点明显地围绕近南黄海物质分布。黏土矿物的组合特征、伊利石/蒙脱石比值、三角端元图等多种方法，表明沉积物兼有长江物质与黄河物质的特征而具有过渡性，与南黄海物质的关系最为密切，是沉积物的主要供给源。

（4）根据微量元素、稀土元素、黏土矿物等多环境指标进行了物源示踪，除微量元素的 Cr/Th 和 Ti/Nb 比值结果存在些微差异外，其他结果都表明长江口启东嘴附近潮滩的柱样 YTJ-3 沉积物与南黄海物质之间的关系最为密切。原因可能是人类活动对地球化学元素产生了干扰，影响了测试精度。此外，还与柱样岩心的长度较短有关，能够代表的时间尺度较小，不能说明长时间尺度的变化。可能还与长江北支在近百年来沉积动力条件发生了根本性变化有关，并进一步对物质来源及输移路径产生影响。

6.2　沉积动力环境与物源定量分析

6.2.1　北支沉积动力变化与阶段划分

长江北支由河控通道转变为潮控通道，不断缩窄淤浅，进入衰退过程，大致可分为三个阶段：一是 1931 年以前，河势自然调整过程，在自然因素作用下河势演变缓慢，河床冲淤演变过程在河道平面变化表现北岸冲刷，南岸淤涨，水动力以径流作用为主；二是 1931～1970 年，在洪水造床作用下，北支的边滩和沙岛淤长延伸为人类围垦提供条件，人类活动对北支演变的影响逐渐增强，1970 年建立新坝封堵了江心沙北侧的水道，造成北支的分流角接近 90°直角，河槽性质发生质的变化，水动力以径流作用为主转变为以潮流作用为主；三是 1970 年之后，在北支进口段和北支中、上段的大规模围垦进一步加剧北支的缩窄淤浅，涨潮流大于落潮流，涨潮流含沙量远大于落潮流含沙量，泥沙净向上输移，北支已无入海输沙，北支河槽渐趋淤废，消亡不可逆转。

1. 第一阶段（1931 年之前）

自然河势调整过程，在自然因素作用下河势演变缓慢，水动力以径流作用为主。

长江北支是长江径流入海的一级汊道，由河口演化过程中形成的江心洲等沙岛分隔而成，长江河口在演化过程中共出现了3代北支，现行的长江北支是有史记载以来的第3代北支（张军宏、孟翊，2009）。在历史上，北支曾是长江的主通道，但是在18世纪中叶的海门沙并岸和19世纪末的启东诸沙并岸的影响下，长江主泓开始改走南支，北支成了支汊。此后，尽管水沙分流量逐渐减少，但是仍然分泄25%左右的长江径流量，北支为以落潮流为主要动力的落潮水道（沈焕庭，2001；沈焕庭等，2003）。根据汉口水文站和大通水文站的监测资料，长江入海径流量比较稳定，1915年之前未发现明显变化趋势（秦年秀等，2005；Yang et al.，2011）。历史上长江北支的形成与演变基本以自然河势调整为主，表现为北岸冲刷、南岸淤长，深泓线北移（刘曦等，2010；高正荣、杨程生，2011）。现代长江北支水道于1915年开始形成，在进口段的0m水深处，河宽长达5.8km，等深线5m的河槽贯穿整个北支，等深线10m的河槽向下一直伸展到北支进口以下长达10km（刘曦等，2010）。

2. 第二阶段（1931~1970年）

洪水造床作用为人类围垦提供条件，人类活动对北支演变的影响逐渐增强，水动力由河控型向潮控型转变。

长江流域在1931、1949和1954年发生了大洪水，洪水事件导致北支上口的徐六泾河段河槽发生较大变化，1931~1934年通海沙淤涨下伸，造成北支上口5m等深线中断，1936年江心沙扩展，1949、1954年特大洪水后，徐六泾河段北侧大淤，老白茆沙北移并靠崇明岛（茅志昌等，2008）。在1954年发生的长江流域百年一遇大洪水，导致北支进口段的河宽大幅度的束狭，分流角也随之增大（刘曦等，2010）。分流角增大以及进口河宽的缩窄，导致北支分流比减少，1915年占25%，1958年降至7.6%。根据1958年海图的分析，北支上段16km长的10m深槽消失，仅在青龙港及北侧存在几个断续的10m深潭，5m深槽主要分布在北支北侧及北支下口，北支南侧多为水深不足5m的浅滩、沙洲（茅志昌等，2008）。

随着社会经济的快速发展，对土地和岸线资源的需求日益迫切，土地资源的供需矛盾越来越严峻，围垦和促淤成为河口海岸地区获取后备土地资源的必然选择。在此阶段，人类的围垦活动主要集中在北支的进口段，如图6-7所示。通海沙位于北支进口段的北岸水下边滩的附近，通海沙沙尾向下一直延伸到北支口门，通海沙的沙头在1915年开始展宽淤高，在1948年出露水面，南通于1954年开始对北支进口段的北岸边滩进行了局部围垦，在1958年对通海沙开始了大规模的围垦（图中南通农场和东方红农场一带）。江心沙位于北支进口段的北岸，在1907

年左右开始形成雏形，也就是在牛洪港附近的两个小沙包，在 1958 年发育成了大沙洲，海门于 1960 年开始对江心沙进行围垦，在 1970 年修建的立新坝封堵了江心沙北侧的水道，江心沙并陆，长江径流由江心沙北侧的水道进入北支被彻底切断，造成北支的分流角接近 90°直角。自此，长江北支河槽性质发生质的变化，涨潮流开始占据绝对优势。总而言之，在 1954～1970 年期间，南通市对北支进口段的通海沙和江心沙进行了大规模的围垦，围垦面积高达 140km²，结果就是造成北支进口段的河宽严重缩窄（刘曦等，2010）。北支进口段边滩的围垦直接影响了北支进口段的河势变化，通海沙和江心沙的围垦使北支进口段的平面形态发生了质的变化，圩角沙的圈围使北支进口段进一步缩窄（张静怡等，2007a），结果就是导致进口段的河宽大幅度束狭，分流角几乎呈 90°直角，进而北支的分流比、分沙比急剧下降。

图 6-7　长江北支进口段边滩的围垦示意图（据张静怡等，2007a）

3. 第三阶段（1970 年后）

人类围垦进一步加剧北支的缩窄淤浅，涨潮流为主要动力，净向上输沙，北支趋于淤废。

在此阶段，人类围垦活动由进口段扩展到对北支整个河段的大面积围垦，尤其是中段、上段的围垦，进一度加剧了北支整个河槽的缩窄淤浅的进程。北支上段、中段的围垦一般都是先进行沙洲匡围，然后汊道堵坝，最后沙洲并陆。上海市和江苏省在长江北支进行了大面积的围垦和促淤工程，如图 6-8 所示，促使北支进一步向缩窄方向发展。

江心沙北侧的水道在 1970 年被堵后，在陆陆续续围垦活动的影响下，开始形成圩角港边滩，在 1981～1990 年期间边滩发育成群，圩角沙在 1992～2002 年期间的围垦面积高达 19.5km²，圩角沙的围垦使北支上段的河宽进一步缩窄，入流条件进一步恶化。在 1992～2002 年期间，由于南通市对圩角沙的大规模围垦，结果就是进一步加速了北支上段、中段河宽的缩窄（刘曦等，2010）。从 1955 年开始，上海市在崇明北滩的较大沙洲进行了大规模的围垦，在 1955～2005 年期间，围垦了 30 余处的滩涂，围垦面积约 412km²，其中 20 世纪 60、70 年代的围垦面积分别占了围垦总面积的 77% 和 14%；海门市对永隆沙、新跃沙、圩角沙和灵甸沙进行较大规模的围垦，在 1968～2002 年期间，围垦面积约 40km²；启东市对永隆沙、兴隆沙进行较大规模的围垦，在 1968～2002 年期间，围垦面积约 32km²（张静怡等，2007a）。北支洲滩的围垦使得北支的河宽不断缩窄，水深不断淤浅，北支整个河段的平均河宽（0m 水深）在 1958 年为 9194m，在 1991 年为 4250m，到了 2005 年缩窄到 2921m，多年来，北支河宽的缩窄幅度累积为 6273m，与此同时，平均水深也由 1958 年的 4.91m 淤浅至 2009 年的 2.83m（刘曦等，2010）。总而言之，北支河宽的缩窄萎缩和河床的抬高淤浅过程同时发生，大幅度地减少了河槽容积，进一步加剧了北支河床的演变，围涂促使北支向缩窄方向发展。

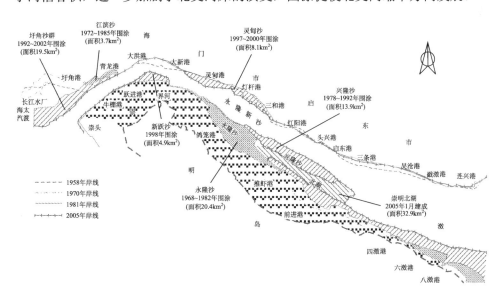

图 6-8　长江北支不同岸段的围垦示意图（据张静怡、黄志良，2007）

4. 人类围垦活动对北支演变的影响

自 20 世纪 70 年代大规模围垦以来，江苏省海门市和启东市、上海市的崇明县分别在长江北支沿岸的不同岸段进行了大规模围垦，圈围面积高达 440km²，原有的自然平衡状态被人类的围垦活动打破，北支河道的平面形态和水流条件也随之发生变化（张静怡等，2007a）。人类对北支洲滩的围垦活动恶化了北支进口段的入流条件，加速了北支整个河段的衰亡，尤其是分流角增大到几乎 90° 直角，直接结果就是分流比急剧下降，如图 6-9 所示，分流比由 1915 年的 25% 下降到 2000 年后的 5% 以下。分水比和分沙比可以反映分汊型河道的发育趋势，根据实测水文资料，运用标准水文法，对长江南、北支的分水分沙比进行了计算，长江南支和北支的分流比分别为 97% 和 3%，分沙比分别为 90% 和 10%，显示北支趋于淤长和衰退；涨潮汇沙比可以反映分汊型河道的泥沙倒灌趋势，长江南支和北支的汇沙比分别为 46% 和 54%，北支由于涨潮倒灌到南支的泥沙多于南支上溯的泥沙（胡静等，2007）。最近研究表明，北支全河段平均高潮潮位抬升，平均低潮潮位降低；中上游河段涨、落潮流速增大，下游入海河段涨、落潮流速减小；南北支涨潮流汇流点上提至南北支交汇的崇头，涨潮动力增强（宋泽坤等，2012）。

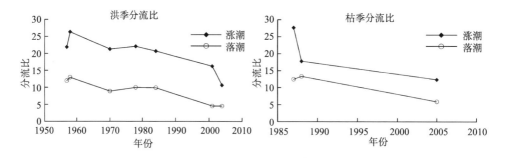

图 6-9　长江北支在洪季、枯季的分流比（据李伯昌，2006）

长江主泓自从 18 世纪改走南支后，北支的径流量开始渐趋减小，北支河槽不断萎缩，在经历了 200 余年的自然演变后，到了 20 世纪 40 年代，北支河床具备了产生涌潮的条件，也就是说，从大新港向下形成了喇叭状的平面形态，并在永隆沙一带发育了水下沙坎（当时位于江心，现在已经并陆），在此之后，在永隆沙附近便开始出现了涌潮（陈沈良等，2003b）。喇叭状的平面形状，使得北支上段的青龙港在涨潮期间的水位快速上升，大潮时更为明显，大量盐水得以倒灌而进入南支；在落潮期间水位下降后，由于出露水面的浅滩阻挡，只有少量的盐水能够进入北支，最终结果就是，在一个涨落潮周期内，盐水通量从北支净倒灌南支

（朱建荣等，2011）。以北支倒灌南支的水通量为研究对象，Wu 和 Zhu（2006）做了大量的数值模拟实验和统计分析。朱建荣等（2011）利用改进型的三维数值模式 ECOM-si，定量分析了北支倒灌南支的盐水通量，综合考虑了径流量、潮汐和风况等因素，并进行了数值模拟分析，结果表明北支倒灌南支的盐水通量与径流量呈负相关关系，与潮汐动力和风应力成正相关关系。如表 6-5 所示，当径流量为 11000 m³/s、风速为 6m/s 时，北支在大、中、小潮的盐水通量分别为–26.28 t/s，–14.65 t/s，–1.58 t/s，半月平均的盐水通量为–15.83 t/s。

表 6-5　长江北支大、中、小潮平均倒灌南支盐通量（朱建荣等，2011）

项目	大潮/(t/s)	中潮/(t/s)	小潮/(t/s)	半月平均/(t/s)
控制实验	−26.28	−14.65	−1.58	−15.83
径流量减 1000m³/s	−28.42	−16.38	−2.44	−17.70
径流量加 1000m³/s	−24.05	−13.04	0.86	−14.01
潮差缩小 0.8 倍	−20.19	−11.17	0.42	−10.80
潮差扩大 1.2 倍	−29.63	−16.99	2.90	−19.65
风速 4m/s	−19.64	−10.84	0.69	−11.46
风速 8m/s	−20.16	−17.56	2.98	−19.25

随着北支水沙分流比的不断减少，涨潮流的含沙量远远大于落潮流的含沙量，在大潮时更为明显，泥沙在涨潮流和落潮流的携带下做往复运动，但总的趋势是往上输移，涨潮流成为北支河道的主要水动力。人类围垦活动加剧了北支整个河槽的缩窄淤浅的进程，北支已由落潮流占优势的河段转变为涨潮流占优势的河段，进潮量大是导致北支水沙倒灌南支及北支河段衰退的主要动力机制（胡静等，2007）。由表 6-6 可知，连兴港断面，潮量大进大出，水沙净输向上，呈现倒灌；从潮型比较，涨、落潮量和进、出沙量均为大潮 > 中潮 > 小潮；倒灌沙量也以此为序；而倒灌水量相反，为大潮 < 中潮 < 小潮，但相差不大。青龙港断面，进、出潮量均小于 $5.5 \times 10^8 m^3$，较连兴港断面小一个量级；各潮型的净输水量均为下泄，但量值很小，大、小潮均不足 $1 \times 10^8 m^3$，大潮泥沙净输上溯，倒灌入南支 $1.69 \times 10^4 t$。

表 6-6　长江北支水沙的全潮通量值（胡静等，2007）

潮型	水沙通量	青龙港断面			连兴港断面		
		涨潮	落潮	净输	涨潮	落潮	净输
大潮	水通量/10⁸m³	4.80	5.42	0.62	19.59	18.09	−1.50
	沙通量/10⁴t	60.10	58.41	−1.69	293.7	221.20	−72.50

续表

潮型	水沙通量	青龙港断面			连兴港断面		
		涨潮	落潮	净输	涨潮	落潮	净输
中潮	水通量/10⁸m³	2.46	4.90	2.44	14.81	13.23	−1.58
	沙通量/10⁴t	22.07	39.20	16.13	165.00	107.00	58.00
小潮	水通量/10⁸m³	0.97	0.27	−0.70	8.64	6.84	1.80
	沙通量/10⁴t	2.55	7.38	4.83	29.27	15.45	−13.82

注："−"值表示输向上游，也成"水沙倒灌"。

6.2.2 邻近海域环流系统与沿岸输沙

1. 邻近海域环流系统

海域环流系统对悬沙的扩散和运移具有重要影响，长江口海域的水动力环境复杂，是多种动力过程交汇的区域，主要有位于口外北侧的苏北沿岸流、位于口外南侧的浙闽沿岸流，以及作为黑潮重要分支的台湾暖流等（Li and Yun, 2006；韦钦胜等，2011）。同时，长江入海的径流量非常巨大，主要以冲淡水形式流入海洋，也是构成长江口外水动力环境的重要部分，如图6-10所示。

台湾暖流是黑潮的重要分支，具有温度高、盐度高、悬浮物浓度低的特征，位于东海浙闽沿岸流的外侧。在夏季，台湾暖流北部末端可达到长江口外，在冬季，影响范围在122°E~123°E，是控制我国东海陆架的强大外海水系。在冬季偏北风的强烈影响下，台湾暖流在流向上，除了表层水流的流向南偏外，其他各水层的流向在全年都沿着等深线流向东北（沈焕庭等，2003）。浙闽沿岸流是东海陆架的主要流系，流向存在着明显的季节性变化，在冬季，由于受到偏北风的影响，自长江河口外向南流经浙闽沿海，在夏季，由于受到东南风的影响，浙闽沿岸流主流转向东北，前锋可达济州岛附近，但是在长江河口外到舟山群岛这一带的流向仍然偏南（何起祥，2006）。苏北沿岸流是南黄海沿岸流系的重要组成，流向终年偏南。在南下的过程，分出两支，一支与黄海暖流组成气旋式逆时针环流；另一支在长江口附近和长江冲淡水混合后，转向东北。苏北沿岸流有明显的季节变化，夏季较弱，冬季由于风场稳定和风力较大，势力强盛，甚至有越过长江口海域与长江水汇合南下，向南侵入东海的趋势（章伟艳等，2013）。长江巨量的入海径流在口外形成了一股很强的冲淡水，尤其是夏季冲淡水的扩展和转向，与周围海水混合是东海陆架重要的水文特征。在台湾暖流、苏北沿岸流及季风等因素的共同影响下，长江冲淡水的季节性变化特征显著（廖启煜等，2001；林葵等，2002）：

在夏季,长江冲淡水因为入海径流增加在地转偏向力和惯性力的作用下顺岸南下,但是在离岸一定距离后(约 122°30′E~122°45′E),由南向的苏北沿岸流和北北东向的浙东沿岸流及台湾暖流所构成的合力作用,使得原来沿着南东方向且具有高速和高能的长江冲淡水发生转向,沿北东方向流向济州岛;在其他季节,长江冲淡水一般都是沿岸南下,在越过杭州湾口和舟山群岛后,直接向东南进入东海。

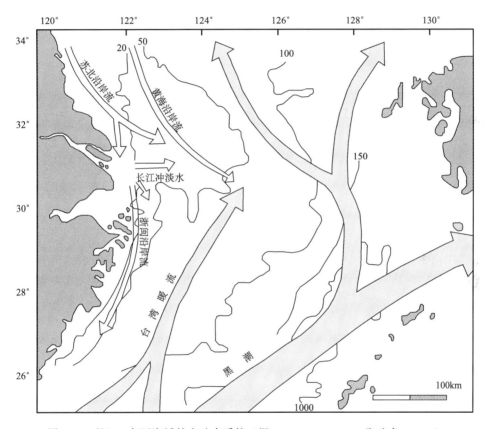

图 6-10　长江口邻近海域的水动力系统（据 Chen et al., 2000；张瑞虎, 2011）

　　根据上述分析可知长江口外近岸流系与启东嘴附近潮滩之间的相对位置和流向,台湾暖流在远离长江口的海区,位置偏东南且流向东北;浙闽沿岸流位置在长江口偏南,冬季流向偏南,夏季主流在远海区转向东北。长江北支和南支是长江的第一级分汊,长江北支在自然河床演变和人类围垦活动的影响下,北支水沙分流比不断减少,河槽性质发展变化,涨潮流成为主要动力作用,水沙倒灌南支,北支已无入海径流输沙,因而,长江巨量径流主要是通过南支入海,并在口外形成了一股很强的冲淡水。长江冲淡水在冬季沿岸南下，在夏季受苏北沿岸流和台湾暖流的合力作用，在远离长江口的海区转向东北。因此，长江口外的台湾暖流、浙闽沿岸流、长江冲淡水等流系对启东嘴附近潮滩沉积物搬运和扩散的影响甚微。苏北沿岸流位于江苏海岸且流向终年偏南，甚至有越过长江口海域向南侵入东海的趋势，长江北支河槽萎缩日趋淤废，进入长江口启东嘴附近潮滩的沉积物主要是悬浮体沉积物的再扩散，包括苏北废黄河三角洲和南黄海辐射沙洲沉积物，对悬浮体沉积物长距离搬运起决定作用的无疑是苏北沿岸流，因此，有必要对苏北沿岸流动力环境和沿岸输沙进行分析。

2. 苏北沿岸流沿岸输沙

黄河北归渤海入海后，在海洋动力作用下，苏北废黄河三角洲受到大面积的冲刷，据不完全统计，已有 $400 \times 10^8 m^3$ 的泥沙被搬离本区，废黄河口三角洲成为非常重要的沿岸泥沙供应源地。通过声学多普勒测流仪（ADP）测流和悬浮体取样数据的分析，废黄河口三角洲侵蚀下来的再悬浮泥沙很少就地沉积，在苏北沿岸流的影响下悬沙净通量输运以南向为主（周良勇等，2009，2010），如表 6-7 所示，悬沙在潮周期内的净通量为 $1.6 \times 10^3 \sim 12.0 \times 10^3 kg/m$，净输运方向主要向南。苏北沿岸流携带废黄河三角洲附近的高悬沙水体由北向南输运，使所经过的海域形成悬浮泥沙的高含量区（邢飞等，2010）。苏北沿岸流经苏北浅滩时受阻隔使得沿岸流发生偏转，一分支变为向东南方向流动，并汇入黄海暖流，另一分支跨越苏北浅滩继续向南流动，到达启东嘴后越过长江口一路向南（徐琳，2008）。苏北沿岸流在苏北沿岸北部携带了废黄河三角洲侵蚀产生的物质，流经辐射沙洲时又有长江型的物质加入（辐射沙洲在古长江三角洲的基础上发育而成，历史时期的古黄河入海泥沙是主要物质来源），所以，苏北沿岸流搬运的物质具有黄河-长江混合型的特点。

表 6-7　苏北废黄河口外的悬沙输运通量和方向（周良勇等，2009）

站位	悬沙通量/（10^3/m）和输运方向			最大流速/（cm/s）	最大平均悬沙含量/（kg/m³）
	涨潮	落潮	净通量		
A	19.2/195°	17.2/13°	2.1/215°	91.8	0.33
B	12.4/186°	4.0/82°	12.0/168°	91.2	0.31
C	5.5/171°	8.4/12°	3.9/43°	91.2	0.31
D	9.3/181°	7.8/3°	1.6/169°	71.8	0.08

江苏沿海北起射阳河口，南至长江口北岸的浅水区分布着巨大的岸外沙滩，南北长约 200km，东西宽约 90km，整个辐射沙洲大致以弶港为顶点呈 150°扇面向北、东北、东和东南方向辐射状分步（王颖等，1998；Li et al.，2001），这种独特海岸地貌形态是世界上规模最大的辐射沙脊沉积体系，如图 6-11 所示。辐射沙洲由 70 多条沙脊和分布其间的潮流通道组成，各条沙脊高低不等，形态各异，沙脊之间有深槽相隔，深槽坡陡水深（李孟国，2011）。

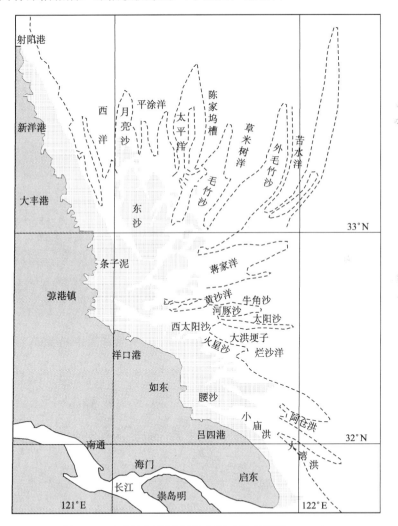

图 6-11　南黄海辐射沙洲分布图（据李孟国，2011）

辐射沙洲自形成以来，始终处于动态变化之中，1855 年黄河北归后，控制辐射沙洲发育的主导因素不再是外来泥沙（Li et al.，2001），维持辐射沙脊群发育的主要动力变为潮流系统（诸裕良等，1998a，1998b；Zhu and Chen，2005）。近年来通过对南黄海辐射沙洲近岸水道、沙洲和岸滩稳定性研究发现，近半个世纪以来沙脊群普遍存在整体逐渐南移的趋势，尤其是辐射沙洲南翼的小庙洪、网仓洪、烂沙洋和黄沙洋等水道及其之间的沙洲南移趋势更为显著（吴曙亮、蔡则健，2002；陈可锋等，2010）。通过对辐射沙脊群南部海域的海流进行 GPS 连续观测，发现该区域海流总体是向南、东南方向运动（丁贤荣等，2012）；对南黄海近岸海域的潮流动力场模拟也是显示同样的结果（邢飞等，2010）。

　　启东嘴附近潮滩南向运动的沿岸流十分活跃，南黄海辐射沙洲南翼地区强潮掀起的大量泥沙随南下的苏北沿岸流向南输运，在长江口启东嘴附近潮滩堆积，形成明显泥质潮滩沉积区。在这些动力要素的共同作用下，形成了长江口启东嘴附近潮滩独特的物源混合区。沿岸流输沙运动是由沿岸流作用下引起的海岸泥沙的纵向运动，是海岸带重要的泥沙搬运方式（白玉川等，2012）。通过观测海岸人工建筑或天然地形附近的岸线轮廓能够判断沉积物沿岸输移的优势方向，近岸地形轮廓的形成和演变，与沿岸输沙存在着密切的关系，是长期沿岸输沙方向的结果（杨世伦，2003）。根据遥感影像分析可知，在启东嘴附近潮滩北部区域发育有多条沿岸沙坝，形态基本上都呈长条状，自西北—东南向延伸，基本与海岸线平行，在这些沿岸沙坝前端都发育了沙嘴，且有不断向南延伸发育的趋势，如图 6-12 所示，这在一定程度上指示了启东嘴附近海域近岸泥沙在较长时间周期内有自北向南输移的趋势。启东嘴附近潮滩发育的一系列的沙坝的地貌形态特征，与南黄海地区的苏北沿岸流的沿岸输沙关系密切（Xie et al.，2013；徐华夏等，2014）。

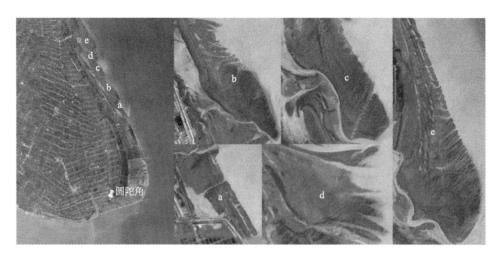

图 6-12　启东嘴潮滩沿岸沙体形态特征（据 Xie et al.，2013；徐华夏等，2014）

6.2.3　沉积物质来源定量分析

沉积物的物质来源从定性分析到定量分析，是物源识别研究的发展趋势。对于具有混合源特征的沉积物而言，物源的定量分析还需要给出不同物质来源的贡献率。国外在定量分离混合源研究方面取得了迅速发展。例如，用标志元素对的比值方法定量分离深海沉积物（Heath，1977；Leinen，1987）；用线性规划方法定量分离混合源沉积物的端元（Dymond，1984；Leinen，1987）；用成分数据的主成分分析方法解决混合源沉积物的分离问题（Renner，1993）。国内物源定量分析方面也取得了丰富的成果，例如，依据"质量守恒"原理，范德江等人（2002）提出了沉积物物源定量识别的非线性规划模型，基于元素地区化学数据并对东海陆架北部表层沉积物的物源进行了有效识别；肖尚斌等（2005）利用这种方法对闽浙沿岸泥质沉积物物源的进行了定量计算。对于混合源沉积物而言，各种物源物质的成分及百分含量是重要的沉积环境信息，杜德文等（1999a，1999b，2000）提出了用成分数据的统计方法处理沉积物样品的地球化学参数，进而定量提取沉积物中各物源端元的平均成分及百分含量，并对冲绳海槽沉积物进行物源端元分析。

根据 6.1.1、6.1.2、6.1.3 中对启东嘴附近潮滩物质来源的分析可知，沉积物具有合源特征。因此，以沉积物的元素地球化学数据为基础，采用端元分析方法，定量分离物源端元的组成成分和贡献率。如果将具有多个物质来源的沉积物样品的每一个物源组分称为端元的话，那么物源定量识别的端元模型可基于如下思路进行建立：

假设要进行物源定量识别的沉积物样品经过实验测试得到 m 个地球化学元素，根据元素的含量按照一定的顺序排成一个行向量，那么 n 个样品可组成元素数据矩阵 $X_{n \times m}$，同 nf 个端元可组成端元成分矩阵 $B_{nf \times m}$。如果沉积物样品是端元按不同比例混合而成的，那么满足如下线性组合关系：

$$X_{n \times m} \approx L_{n \times nf} \cdot B_{nf \times m} (nf \leqslant n) \tag{6-3}$$

$L_{n \times nf}$ 的第 i 行向量元素为各端元在第 i 样品中的相对百分含量。矩阵 $X_{n \times m}$ 的数据由野外采样样品和实验分析获得，是已知数据。如果从 $X_{n \times m}$ 出发求得 $B_{nf \times m}$ 和 $L_{n \times nf}$，就便获得了各端元的成分和端元在样品中的百分含量。

第一步，数据成分化和列变换。为保证数据矩阵 $X_{n \times m}$ 满足成分数据的条件，应对原始数据做成分化调整，使各项指标含量之和为常数。同时为了使不同数量级的变量，即实验测试得到的地球化学元素，同时发挥统计作用，需要对原始数据进行标准化处理，即对数据矩阵的列进行变换：

$$x'_{ij} = (x_{ij} - x\min_j)/(x\max_j - x\min_j) \tag{6-4}$$

式中，$x\min_j$ 为第 j 列的最小值，$x\max_j$ 为第 j 列的最大值。

第二步，求解端元的初始成分。首先，利用成分化 Q 型因子分析算法，处理元素数据 $X_{n\times m}$。根据研究区可能的物质来源，确定因子个数，如果沉积物有三个物质来源，就确定因子数为 3，也就是定义 $nf = 3$，这样就能够得到成分化正交因子，一共 nf 个。如果得到的这 nf 个成分化正交因子有负值的话，还需要进一步通过"最优斜交变换方法"的线性规划方法，将负值的成分化正交因子投影到估计空间的正象限。经过这一系列步骤的处理后，这样就得到了没有负值的成分化斜交因子 $B^0_{nf\times m}$，一共 nf 个。最后，将这 nf 个成分化斜交因子 $B^0_{nf\times m}$ 作为需要求解的初始端元成分。

第三步，求解端元的初始含量。对函数参数进行估算的最优方法是"最小二乘法"，这里采用"最小二乘法"来求解端元的初始含量，如果端元的初始含量 $L^0_{n\times nf}$ 有负值的话，这就说明上一步求解得到的初始端元成分不满足成分条件，需要做进一步的调整。

第四步，对不满足成分条件的初始端元成分进行调整，直到得到最佳的端元成分和含量。当端元成分 $B_{nf\times m}$ 和端元含量 $L_{n\times nf}$ 均为不含负数时，可以认为端元的成分及其含量是最优解。$B_{nf\times m}$ 和 $L_{n\times nf}$ 正是定量分离出来的端元成分和端元百分含量。

根据微量元素丰度在垂向剖面上的变化特征，大多数微量元素在深度 52.5cm 处以上剖面发生了趋势增加的有规律变化，在深度 172.5cm 处出现了在整个剖面上比较明显的极值变化。根据平均沉积速率估算，在 52.5cm 处的深度位置大约为 1972 年，这与北支分流角增大到几乎 90°直角的 1970 年，在时间上非常接近，在 172.5cm 处的深度位置大约为 1930 年，长江北支水道在 1915 年之前基本稳定，长江流域在 1931、1954 和 1998 年发生了 3 次全流域性大洪水，考虑测年误差，时间差距还可以接受。

据此，以深度 52.5cm、172.5cm 将柱样 YTJ-3 沉积物划分成三段，根据 6.2.1 中对长江北支沉积动力变化的分析可知，下段（172.5～122.5cm）代表了北支的自然状态演变过程，在自然因素影响下河势变化较为缓慢，以径流作用为主；中段（52.5～172.5cm）代表了北支受到洪水造床作用的自然因素和围垦活动的人类因素的共同作用，并且人类活动的影响不断增强，尤其是 1970 年的立新坝封堵了江心沙北侧水道，江心沙并陆，北支的分流角接近 90°直角后，河槽性质发生质的变化，由河控型转变为潮控型。上段（0～52.5cm）代表了北支在人类圈围与促淤工程的影响下，进一步加速了萎缩淤浅，人类围垦活动对北支的演变起主导作用，以涨潮流为主，涨潮输沙增多，大幅度地减少了河槽容积，进一步加剧了北支河床的演变，围涂促使北支向缩窄方向发展，北支趋于衰亡，不可逆转。

根据上文所述的物源定量识别的端元分析方法，为保证地球化学元素的数据矩阵满足成分数据的条件，沉积物样品的地球化学指标包括了 Sc、Ti、V、Cr、Mn、Co、Ni、Cu、Zn、Rb、Sr、Zr、Nb、Ba、Pb、Th 等所有微量元素。物质来源在上段、中段、下段三段不同层位的定量识别结果，如表 6-8 所示。运用统计软件 SPSS 20.0 版本中的"分析"菜单下的因子分析模块和聚类分析模块求解了端元的初始成分，运用软件 Excel 2003 版本中的最小二乘法线性拟合的 LINEST 函数模块求解了端元的初始含量。可以看出，在 1930 年以前，长江物质的贡献率最大，为 68.1%，其次为南黄海物质，贡献率 27.1%，黄河物质的贡献最小，为 4.8%。但是此后，长江物质的贡献逐渐减少，在 1930~1972 年间下降到 38.5%，在 1972 年后更是减少到 17.5%。南黄海物质和黄河物质的贡献逐渐增加，尤其是南黄海物质的贡献率增加非常显著，在 1930~1972 年间增加到 55.6%，在 1972 年后增加到 75.9%，成为长江口启东嘴附近潮滩的主要物质来源。

在北支沉积动力发生质的变化的同时，近海海域的环流系统没有发生变化，苏北沿岸流流向终年偏南。因此，根据长江北支水道萎缩与入海输沙减少的时间节点，同时考虑到苏北沿岸流携带废黄河和南黄海辐射沙洲沉积物向南输移的趋势，可以初步确定自 20 世纪 70 年代后，长江口启东嘴附近潮滩的物质来源已不再是长江的入海输沙，物质贡献由 68.1% 减少到 17.5%。沉积物主要来源于苏北沿岸流向南携带的具有长江-黄河混合特征的苏北废黄河三角洲和南黄海辐射沙洲的泥沙，物质贡献由 27.1% 增加到 75.9%，成为长江口启东嘴附近潮滩的主要物质来源。

表 6-8　沉积物不同端元物质贡献率变化的定量识别

深度	上段 (0~52.5cm)	中段 (52.5~172.5cm)	下段 (172.5~212.5cm)
长江贡献/%	17.5	38.5	68.1
黄河贡献/%	6.6	5.9	4.8
南黄海贡献/%	75.9	55.6	27.1
时间	1972 年后	1972~1930 年	1930 年前
河槽性质	涨潮型	过渡型	落潮型

6.2.4 小结

（1）根据长江北支水道的演化过程，对沉积动力变化进行了阶段划分。第一阶段（1931 年前）：自然河势调整过程，河势演变缓慢，水动力以径流作用为主；第二阶段（1931~1970 年）：受洪水造床作用和人类活动的共同影响，水动力由径流作用向潮流作用转变；第三阶段（1970 年后）：人类活动对北支的演变占主导作用，涨潮流大于落潮流，净向上输沙，北支趋于淤废。

（2）长江口海域的水动力环境复杂，根据相对位置和流向，台湾暖流、浙闽沿岸流、长江冲淡水等流系对沉积物搬运和扩散的影响甚微，对悬浮体沉积物长距离搬运起决定作用的是苏北沿岸流。苏北沿岸流携带废黄河三角洲的侵蚀物质和辐射沙脊群的高悬沙水体南向输移，成为进入启东嘴附近潮滩的主要是物质来源。

（3）基于地球化学参数的沉积物端元定量判识方法，对物源进行了定量分析。在 1930 前沉积物主要来自长江的入海输沙，贡献率为 68.1%，此后，随着长江北支的演变，贡献率逐渐减少，到 1972 年后减少到 17.5%。与此同时，近海海域的环流系统没有发生变化，苏北沿岸流流向终年偏南，沿途携带的悬浮体物质的贡献率逐渐增加，由 1930 年前的 27.1%增加到 1972 年后的 75.9%，成为启东嘴附近潮滩的主要物质来源。

参 考 文 献

白玉川, 冀自青, 杨艳静. 2012. 沿岸输沙计算研究综述. 泥沙研究. (5): 70-80.

蔡爱智. 1982. 长江入海泥沙的扩散. 海洋学报, (4): 78-87.

蔡观强, 邱燕, 彭学超, 等. 2010a. 南海西南海域表层沉积物中微量元素 Ba 的地球化学特征. 现代地质, 24(3): 560-569.

蔡观强, 邱燕, 彭学超, 等. 2010b. 南海西南海域表层沉积物微量和稀土元素地球化学特征及其意义. 海洋地质与第四纪地质, (5): 53-62.

蔡守勇, 魏延文, 汪亚平. 2001. VSMS 系统在潮滩水沙测量中的应用. 水利水运工程学报, (2): 67-70.

曹民雄, 高正荣, 胡金义. 2003. 长江口北支水道水沙特性分析. 人民长江, 34(12): 34-37.

操文颖, 李红清, 李迎喜. 2008. 长江口湿地生态环境保护研究. 人民长江, (23): 43-46.

迟清华, 鄢明才. 2007. 应用地球化学元素丰度数据手册. 北京: 地质出版.

陈宝冲. 1993. 长江口北支河势的变化与水、沙、盐的输移. 地理科学, 13(4): 346-352.

陈才俊. 1990. 围滩造田与淤泥质潮滩的发育. 海洋通报, 9(3): 69-74.

陈聪, 陈爱玉, 张琪, 等. 2012. 近 50a 南通地区影响台风的时空特征及统计分析. 第九届长三角气象科技论坛论文集. 灾害天气研究与预报, (1): 1-14.

陈宏友. 1990. 苏北南通海涂近期冲淤动态及其开发. 海洋科学, (2): 28-35.

陈宏友. 2009. 互花米草在江苏省滩涂开发中的作用. 水利规划与设计, (4): 27-29.

陈可锋, 陆培东, 王艳红, 等. 2010. 南黄海辐射沙洲趋势性演变的动力机制分析. 水科学进展, 21(2): 267-273.

陈丽蓉. 1989. 渤海、黄海、东海沉积物中矿物组合的研究. 海洋科学, (2): 1-8.

陈吉余. 2000. 中国围海工程. 北京: 中国水利水电出版社, 34-109.

陈吉余, 王宝灿. 1961. 渤海湾淤泥质海岸(海河口-黄河口)的塑造过程. 上海: 上海科学技术出版社, 1-6.

陈吉余, 杨世伦. 1990. 中国海滨沼泽的初步研究——纪念竺可桢师诞生一百周年. 地理科学, 10(1): 58-68.

陈吉余, 沈焕庭, 恽才兴. 1988. 长江河口动力过程和地貌演变. 上海科学技术出版社, 31-47.

陈静生, 李远辉, 乐嘉祥, 等. 1984. 我国河流的物理与化学侵蚀作用. 科学通报, (15): 932-936.

陈沈良, 陈吉余, 谷国传. 2003a. 长江口北支的涌潮及其对河口的影响. 华东师范大学学报(自然科学版), (2): 74-80.

陈沈良, 谷国传, 刘勇胜. 2003b. 长江口北支涌潮的形成条件及其初生地探讨. 水利学报, (11): 30-36.

程捷, 唐德翔, 张绪致, 等. 2003. 黏土矿物在黄河源区古气候研究中的应用. 现代地质, 17(1): 47-51.

从宁. 2010. 江苏沿海典型岸段现代沉积环境分析－以圆陀角和方塘闸下潮滩为例. 南京大学硕士论文.

戴慧敏. 2005. 济州岛西南泥质区不同粒级沉积物的元素地球化学特征及物源分析. 中国海洋大学硕士论文.

戴仕宝, 杨世伦, 郜昂, 等. 2007. 近50年来中国主要河流入海泥沙变化. 泥沙研究, (2): 49-58.

丁贤荣, 康彦彦, 茅志兵, 等. 2012. 辐射沙脊群围垦海域海天一体化观测系统. 水利经济, 30(3): 23-25.

窦衍光. 2007. 长江口邻近海域沉积物粒度和元素地球化学特征及其对沉积环境的指示. 青岛: 国家海洋局一所硕士论文, 9-10.

杜德文, 孟宪伟, 王永吉, 等. 1999a. 沉积物物源组成的定量判识方法及其在冲绳海槽的应用. 海洋与湖沼, 30(5): 532-539.

杜德文, 孟宪伟, 吴金龙, 等. 1999b. 基于地球化学参数的海底沉积物端元定量判识方法研究－分离沉积物端元的最优斜交成分因子算法. 海洋学报, 21(4): 70-77.

杜德文, 孟宪伟, 韩贻兵, 等. 2000. 沉积物物源组成的定量估计方法. 地质评论, 46(1): 254-252.

杜景龙, 杨世伦, 陈德超. 2012. 三峡工程对现代长江三角洲地貌演化影响的初步研究, 海洋通报, 38(12): 1444-1452.

杜鹏, 娄安刚, 张学庆, 等. 2008. 胶州湾前湾填海对其水动力影响预测分析. 海岸工程, 27(1): 28-40.

范德江, 杨作升, 毛登, 等. 2001. 长江与黄河沉积物中黏土矿物及地化成分的组成. 海洋地质与第四纪地质, 21(4): 7-12.

范德江, 孙效功, 杨作升, 等. 2002. 沉积物物源定量识别的非线性规划模型—以东海陆架北部表层沉积物物源识别为例. 沉积学报, 20(1): 30-33.

范德江, 杨作升, 孙效功, 等. 2002. 东海陆架北部长江-黄河沉积物影响范围的定量估算. 青岛海洋大学学报, 32(5): 748-756.

樊社军, 虞志英, 金谬. 1997a. 淤泥质岸滩侵蚀堆积动力机制及剖面模式–以连云港地区淤泥质海岸为例Ⅰ. 海洋学报, 19(3): 66-76.

樊社军, 虞志英, 金谬. 1997b. 淤泥质岸滩侵蚀堆积动力机制及剖面模式–以连云港地区淤泥质海岸为例Ⅱ. 海洋学报, 19(3)77-85.

冯利华, 鲍毅新. 2004. 滩涂围垦的负面影响与可持续发展策略. 海洋科学, 28(4): 76-77.

冯旭文, 石学法, 黄永祥, 等. 2011. 长江口东南泥质区百年来稀土元素的组成及控制因素. 地球化学, 40(5): 464-472.

逢自安. 1980. 浙江港湾淤泥质海岸剖面若干特性. 海洋科学, 12(2): 9-14.

付桂, 李九发, 应铭, 等. 2007. 长江河口南汇嘴潮滩近期演变分析. 海洋通报, 26(2): 105-112.

冯凌旋, 李九发, 戴志军, 等. 2009. 近年来长江河口北支水沙特性与河槽稳定性分析. 海洋学研究, 27(3): 40-47.

冯小铭, 韩子章, 黄家柱. 1992. 南通地区江海岸线近40年之变迁—江海岸的侵蚀和淤积. 海洋地质与第四纪地质, 12(2): 65-77.

高剑峰, 陆建军, 赖鸣远, 等. 2003. 岩石样品中微量元素的高分辨率等离子质谱分析. 南京大学学报(自然科学版), 39(6): 844-850.

高爱国, 韩国忠, 刘峰, 等. 2004. 楚科奇海及其邻近海域表层沉积物的元素地球化学特征. 海洋学报, 26(2): 132-139.

高清清, 曹兵, 高鑫鑫, 等. 2014. 南通沿海台风风暴潮分析及其经验预报初探. 海洋预报, 31(1): 29-35.

高抒. 2003. 海洋沉积物动力学的示踪物方法. 沉积学报, 21(1): 61-65.

高抒. 2007. 潮滩沉积记录正演模拟初探. 第四纪研究, 27(5): 750-755.

高抒. 2010. 长江三角洲对流域输沙变化的响应: 进展与问题. 地球科学进展, 25(3): 234-240.

高抒, 李安春. 2000. 浅海现代沉积作用研究展望. 海洋科学, 24(2): 2-4.

高宇, 赵斌. 2006. 人类围垦活动对上海崇明东滩滩涂发育的影响. 中国农学通报, 22(8): 475-479.

高正荣, 杨程生. 2011. 长江口北支河势控制及岸线利用设想. 第十五届中国海洋(岸)工程学术讨论会论文集. 1143-1148.

耿秀山, 傅命佐. 1988. 江苏中南部平原淤泥滩岸的地貌特征. 海洋地质与第四纪地质, (2): 91-98.

龚小辉. 2009. 现代潮滩沉积特征与风暴潮事件沉积的观测研究–以江苏大丰海岸潮滩沉积为例. 南京师范大学硕士学位论文, 48.

龚小辉, 柏春广, 王建. 2012. 淤泥质潮滩沉积周期性研究综述. 南京师范大学学报(自然科学版), 35(1): 117-121.

顾用红, 吴勇, 崔勇. 2013. 长江启东自然保护区局部功能调整研究. 治淮, (1): 32-34.

何坚, 潘少明. 2011. 辽东湾沿岸土壤中 ^{137}Cs 背景值及分布特征研究. 水土保持学报, 25(3): 169-173.

何良彪. 1989. 中国海及其邻近海域的黏土矿物. 中国科学 B 辑, (1): 75-82.

何梦颖, 郑洪波, 黄湘通, 等. 2011. 长江流域沉积物黏土矿物组合特征及物源指示意义. 沉积学报, 29(3): 544-551.

何起祥. 2006. 中国海洋沉积地质学. 海军出版社, 46-47; 115-121.

何小燕, 胡廷, 汪亚平等. 2010. 江苏近岸海域水文气象要素的时空分布特征. 海洋科学, 34(9): 44-53.

贺松林. 1988. 淤泥质潮滩剖面塑造的探讨. 华东师范大学学报(自然科学版), (2): 61-68.

胡邦琦, 李军, 李国刚, 等. 2011. 长江和黄河入海沉积物的物源识别研究进展. 海洋地质与第四纪地质, 31(6): 147-156.

胡凤彬, 张静怡, 程莉, 等. 2006. 长江口北支河床演变分析及航道整治设想. 南京: 河海大学出版社.

胡静, 陈沈良, 谷国传. 2007. 长江河口水沙分流和输移的探讨. 海岸工程, 26(2): 1-10.

黄成, 张健美. 2003. 长江口北支湿地资源和环境现状调查. 环境监测管理与技术, 15(1): 24-26.

黄海军, 李成治. 1988. 南黄海海底辐射沙洲的现代变迁研究. 海洋与湖沼, 29(6): 640-645.

黄海军, 李凡, 庞家珍, 等. 2005. 黄河三角洲与渤、黄海陆海相互作用研究. 北京: 科学出版社: 1-313.

火苗, 范代读, 徐过冬. 2011. 长江三角洲南汇潮滩沉积速率及其影响因素. 古地理学报, 13(1):

111-118.

侯京明, 于福江, 原野, 等. 2011. 影响我国的重大台风风暴潮时空分布. 海洋通报, 30(5): 535-539.

贾海林, 刘苍字, 杨欧. 2001. 长江口北支沉积动力环境分析. 华东师范大学学报(自然科学版), (1): 90-96.

贾建军, 高抒, 薛允传. 2002. 图解法与矩法沉积物粒度参数的对比. 海洋与湖沼, 33(6): 577-582.

蒋富清, 李安春. 2002. 冲绳海槽南部表层沉积物地球化学特征及其物源和环境指示意义. 沉积学报, 20(4): 680-686.

蒋富清, 周晓静, 李安春, 等. 2008. δEu_N—$\Sigma REEs$ 图解定量区分长江和黄河沉积物. 中国科学 D 辑: 地球科学, 38(11): 1460-1468.

金秉福, 林振宏, 季福武. 2003. 海洋沉积环境和物源的元素地球化学记录释读. 海洋科学进展, 21(1): 99-106.

孔祥淮, 刘健, 李巍然, 等. 2007. 山东半岛东北部滨浅海区表层沉积物的稀土元素及其物源判别. 海洋地质与第四纪地质, 27(3): 51-59.

蓝先洪. 1995. 晚更新世末期陆架古环境研究. 海洋地质动态, (5): 6-8.

蓝先洪. 2001. 海洋沉积物中黏土矿物组合特征的古环境意义. 海洋地质动态, 17(1): 5-7.

蓝先洪, 张志珣, 李日辉, 等. 2006. 南黄海表层沉积物微量元素地球化学特征. 海洋地质与第四纪地质, 26(3): 45-51.

蓝先洪, 张宪军, 赵广涛, 等. 2009. 南黄海 NT1 孔沉积物稀土元素组成与物源判别. 地球化学, 38(2): 123-132.

蓝先洪, 张志珣, 李日辉, 等. 2011a. 长江口外海域表层沉积物微量元素地球化学特征. 现代地质, 25(6): 1066-1076.

蓝先洪, 张宪军, 刘新波. 2011b. 南黄海表层沉积物黏土矿物分布及物源. 海洋地质与第四纪地质, 31(3): 11-16.

李伯昌. 2006. 1984 年以来长江口北支演变分析. 水利水运工程学报, (3): 9-17.

李伯昌, 余文畴, 陈鹏, 等. 2011. 长江口北支近期水流泥沙输移及含盐度的变化特性. 水资源保护, 27(4): 31-34.

李超. 2008. 四国海盆岩芯沉积物元素地球化学特征及物源初步研究. 中国海洋大学硕士论文.

李成治, 李本川. 1981. 苏北沿海暗沙成因的研究. 海洋与湖沼, 12(4): 321-331.

李从先, 赵娟. 1995. 苏北弶港辐射沙洲研究的进展和争论. 海洋科学, (4): 57-59.

李从先, 杨学君, 庄振业, 等. 1986. 淤泥质海岸潮间浅滩的形成和演变. 山东海洋学院学报, (2): 21-31.

李从先, 杨守业, 范代读. 2004. 三峡大坝建成后长江输沙量的减少及其对长江三角洲的影响. 第四纪研究, 24(5): 495-500.

李海清, 殷勇, 施扬, 等. 2011. 江苏如东潮滩微地貌及现代沉积速率研究. 古地理学报, 13(2): 150-160.

李华, 杨世伦. 2007. 潮间带盐沼植物对海岸沉积动力过程影响的研究进展. 地球科学进展, 22(6): 583-591.

李华. 2009. 潮间带盐沼植物的沉积动力学效应研究. 上海: 华东师范大学博士论文, 10.

李加林, 杨晓平, 童亿勤. 2007. 潮滩围垦对海岸环境的影响研究进展. 地理科学进展, 26(2): 43-54.

李晶莹, 张经. 2003. 中国主要河流的输沙量及其影响因素. 青岛海洋大学学报, 33(4): 567-573.

李九发, 戴志军, 应铭, 等. 2007. 上海市沿海滩涂土地资源圈围与潮滩发育演变分析. 自然资源学报, 22(3): 361-371.

李九发, 戴志军, 刘新成, 等. 2010. 长江河口南汇嘴潮滩圈围工程前后水沙运动和冲淤演变研究. 泥沙研究, 55(3): 31-37.

李明, 杨世伦, 李鹏, 等. 2006. 长江来沙锐减与海岸滩涂资源的危机. 地理学报, 61(3): 282-288.

李孟国. 2011. 辐射沙洲研究开发的进展. 水道港口, 32(4): 230-243.

李双林. 2001. 东海陆架HY126EA1孔沉积物稀土元素地球化学. 海洋学报, 23(3): l27-132.

李艳, 李安春, 万世明, 等. 2009. 大连湾近海表层沉积物矿物组合分布特征及其物源环境. 海洋地质与第四纪地质, 29(4): 115-121.

李占海, 高抒, 柯贤坤, 等. 2005. 江苏大丰海岸碱蓬滩潮沟及滩面的沉积动力特征. 海洋学报, 27(6): 75-82.

李志亮, 杜小如. 2008. 沉积物粒度参数求解方法的对比. 长江科学院院报, 25(4): 16-19.

廖立兵, 李国武, 蔡元峰, 等. 2007. 粉晶X射线衍射在矿物岩石学研究中的应用. 物理, (6): 460-464.

廖启煜, 郭炳火, 刘赞沛. 2001. 夏季长江冲淡水转向机制分析. 黄渤海海洋, 19(3): 19-25.

林承坤. 1989. 长江口泥沙的来源分析与数量计算研究. 地理学报, 44(1): 22-31.

林葵, 汤毓祥, 郭炳火. 2002. 黄海、东海表、上层实测流分析. 海洋学报, 24(2): 9-19.

林振宏. 2000. 冲绳海槽晚更新世以来环境演变的矿物一地球化学记录. 海洋科学, 24(10): 3.

刘长征, 王会军, 姜大膀. 2004. 东亚季风区夏季风强度和降水的配置关系. 大气科学, 28(5): 700-712.

刘成, 王兆印, 隋觉义. 2007. 我国主要入海河流水沙变化分析. 水利学报, 38(12): 1444-1452.

刘宁, 樊德华, 郝运轻, 等. 2009. 稀土元素分析方法研究及应用-以渤海湾盆地东营凹陷永安地区物源分析为例. 石油实验地质, 31(4): 427-432.

刘曦, 杨丽君, 徐俊杰, 等. 2010. 长江口北支水道萎缩淤浅分析. 上海地质, 31(3): 35-40.

卢连战, 史正涛. 2010. 沉积物粒度参数内涵及计算方法的解析. 环境科学与管理, 35(60): 54-60.

吕全荣, 严肃庄. 1981. 长江口重矿物组合的研究及其意义. 华东师大学报(自然科学版), (1): 73- 82.

隆浩, 王晨华, 刘勇平, 等. 2007. 黏土矿物在过去环境变化研究中的应用. 盐湖研究, 15(2): 21-26.

鲁春霞. 1997. 黏土矿物在古环境研究中的指示作用. 中国沙漠, 17(4): 456-459.

马克俭. 1991. 浙江海岸带石英砂表面微形貌结构的初步研究. 东海地质, (3): 50-57.

毛光周, 刘池洋. 2011. 地球化学在物源及沉积背景分析中的应用. 地球科学与环境学报, 33(4): 337-348.

茅志昌, 郭建强, 陈庆强, 等. 2008. 长江口北支河槽演变与滩涂资源利用. 人民长江, 39(3): 36-47.

梅西. 2011. 南黄海 DLC70-3 孔晚更新世以来的沉积记录与环境响应. 中国科学院研究生院博士论文, 29.

门可佩. 2014. 长江流域大洪水有序网络结构及其预测研究, 南京信息工程大学学报, 6(2): 5-181.

孟宪伟, 王永吉, 吕成功. 1997. 冲绳海槽中段沉积地球化学分区及其物源指示意义. 海洋地质与第四纪地质. 17(3): 37-43.

孟翊, 程江. 2005. 长江口北支入海河段的衰退机制. 海洋地质动态, 21(1): 1-10.

闵凤阳, 汪亚平, 高建华, 等. 2010. 长江口北支的沉积物输运趋势. 海洋通报, 29(3): 264-270.

庞仁松, 潘少明, 王安东. 2011. 长江口泥质区 18#柱样的现代沉积速率及其环境指示意义. 海洋通报, 30(3): 294-301.

蒲海波. 2011. 用 X 射线衍射分析鉴定黏土矿物的方法. 勘察科学技术, (5): 12-15.

秦年秀, 姜彤, 许崇育. 2005. 长江流域径流趋势变化及突变分析. 长江流域资源与环境, 14(5): 589-594.

秦蕴珊, 赵一阳, 陈丽蓉, 等. 1987. 东海地质. 北京: 科学出版社: 28-91, 210-263.

任美锷. 1985. 中国淤泥质潮滩沉积研究的若干问题. 热带海洋, (4): 6-14.

任美锷. 1989. 人类活动对中国北部海岸带地貌和沉积作用的影响. 地理科学, 9(1): 1-7.

任美锷, 张忍顺, 杨巨海, 等. 1983. 风暴潮对淤泥质海岸的影响–以江苏省淤泥质海岸为例. 海洋地质与第四纪地质, 3(4): 1-24.

任美锷, 张忍顺, 杨巨海, 等. 1984. 江苏王港地区淤泥质潮滩的沉积作用. 海洋通报, (1): 40-50.

单树模, 王维屏, 王庭槐. 1980. 江苏地理. 南京: 江苏人民出版社.

时英民, 李坤业, 杨惠兰. 1989. 南黄海黏土矿物的分布特征. 海洋科学, (3): 32-37.

时钟, 陈吉余, 虞志英. 1996. 中国淤泥质潮滩沉积研究的进展. 地球科学进展, 11(6): 555-562.

沈焕庭. 2001. 长江河口物质通量. 北京: 海洋出版社.

沈焕庭, 李九发, 肖成猷. 1997. 人类活动对长江河口过程的影响. 气候与环境研究, 2(1): 48-54.

沈焕庭, 茅志昌, 朱建荣. 2003. 长江河口盐水入侵. 北京: 海洋出版社: 1-175.

沈永明, 张忍顺, 王艳红. 2003. 互花米草盐沼潮沟地貌特征. 地理研究, 22(4): 520-527.

史立人, 魏特, 沈蕙漱. 1985. 长江入海泥沙扩散与北支淤积泥沙来源. 长江水利水电科学研究院院报, (2): 12-25.

施雅风, 姜彤, 苏布达, 等. 2004. 1840 年以来长江大洪水演变与气候变化关系初探. 湖泊科学, 16(4): 289-297.

宋泽坤, 程和琴, 胡浩, 等. 2012. 长江口北支围垦对其水动力影响的数值模拟分析. 人民长江, 43(15): 59-163.

宋召军, 张志珣, 余继峰, 等. 2008. 南黄海表层沉积物中黏土矿物分布及物源分析. 山东科技大学学报(自然科学版), 27(3): 1-4.

宋永港, 朱建荣, 吴辉. 2011. 长江河口北支潮位与潮差的时空变化和机理. 华东师范大学学报(自然科学版), (6): 10-19.

苏纪兰. 2005. 中国近海水文. 北京: 海洋出版社: 124-128.

苏育嵩, 李凤岐, 王凤钦. 1996. 渤、黄、东海水型分布与水系划分. 海洋学报, 18(6): 1-7.

隋洪波. 2003. 长江口区波浪分布及其双峰谱型波浪的统计特征. 中国海洋大学硕士论文.

孙艳梅, 刘苍字, 洪雪晴. 2005. 长江口北支中全新世以来环境演变变异事件及影响因素. 海洋
　　地质动态, 21(1): 11-17.

孙艳梅, 刘苍字, 洪雪晴. 2007. 中全新世以来长江口北支环境的演变. 海洋科学, 31(12): 47-52.

孙颖, 丁一汇. 2009. 未来百年东亚夏季降水和季风预测的研究. 中国科学 D 辑: 地球科学,
　　39(11): 1487-1504.

孙永涛. 2007. 长江口北支湿地生态环境特征与生物多样性保护. 南京林业大学硕士论文.

唐晓辉, 王凡. 2004. 长江口邻近海域夏冬季水文特征分析. 海洋科学集刊, (46): 42-66.

王爱军, 高抒, 贾建军, 等. 2005. 江苏王港盐沼的现代沉积速率. 地理学报, 60(1): 61-70.

王爱军, 高抒, 贾建军. 2006. 互花米草对江苏潮滩沉积和地貌演化的影响. 海洋学报, 28(1):
　　92-99.

王爱萍, 杨守业, 李从先. 2001. 南京地区下蜀土元素地球化学特征及物源判别. 同济大学学报
　　(自然科学版), 29(6): 657-661.

王安东. 2010. 长江口水下三角洲 ^{137}Cs 最大蓄积峰的分布特征. 南京大学硕士学位论文.

王宝灿, 虞志英, 刘苍字, 等. 1980. 海州湾岸滩演变和泥沙流向. 海洋学报, 2(1): 23-84.

王德杰, 范代读, 李从先. 2003. 不同预处理对沉积物粒度分析结果的影响. 同济大学学报,
　　31(3): 314-318.

王福, 王宏. 2011. 海岸带地区 ^{137}Cs 沉积剖面类型划分及其意义. 地质通报, 30(7): 1099-1110.

王金军. 2006. 长江泥沙输移与河口潮滩的冲淤变化关系. 华东师范大学硕士论文, 46.

王涛, 陶辉, 杨强. 2011. 南通地区 1960 年-2007 年气温与降水的年际和季节变化特征, 资源
　　科学, 33(11): 2080-2089.

王艳红. 2006. 废黄河三角洲海岸侵蚀过程中的变异特征及整体防护研究. 南京师范大学博士
　　论文, 39-42.

王颖. 2002. 黄海陆架辐射沙脊群. 北京: 中国环境科学出版社, 433.

王颖, Deonarine B. 1985. 石英砂表面结构模式图集. 北京: 科学出版社.

王颖, 朱大奎. 1990. 中国的潮滩. 第四纪研究, 10(4): 291-300.

王颖, 朱大奎, 周旅复. 1998. 南黄海辐射沙脊群的沉积特点及其演变. 中国科学 D 辑: 地球科
　　学, 28(5): 386-393.

王颖, 朱大奎, 曹桂云. 2003. 潮滩沉积环境与岩相对比研究. 沉积学报, 21(4): 539-546.

王张峤, 陈中原, 魏子新. 2005. 长江口第四纪沉积物中构造与古气候耦合作用的探讨. 科学通
　　报, 50(14): 1504-1511.

王中刚, 于学元, 赵振华. 1989. 稀土元素地球化学. 北京: 科学出版社, 313-320.

韦刚健, 陈毓蔚, 李献华, 等. 2001. NS93-5 钻孔沉积物不活泼微量元素记录与陆源输入变化探
　　讨. 地球化学, 30(3): 208-215.

韦钦胜, 于志刚, 冉祥滨, 等. 2011. 黄海西部沿岸流系特征分析及其对物质输运的影响. 地球
　　科学进展, 26(2): 145-156.

魏子新. 2003. 长江三角洲东部第四纪沉积环境演化: 新构造运动、古气候与海平面变化的耦合

作用. 华东师范大学博士论文, 7.

吴曙亮, 蔡则健. 2002. 江苏省沿海沙洲及潮汐水道演变的遥感分析. 海洋地质动态, 18(6): 1-5.

吴小根, 王爱军. 2005. 人类活动对苏北潮滩发育的影响. 地理科学, 25(5): 615-620.

吴志峰, 胡伟平. 1999. 海岸带与地球系统科学研究. 地理科学进展, 18(4): 346-351.

夏华永, 林迪洋, 钮智旺. 2006. 湛江湾填海工程对水动力条件的影响预测. 海洋通报, 25(6): 47-54.

肖尚斌, 李安春, 蒋富清, 等. 2005. 近 2ka 闽浙沿岸泥质沉积物物源分析. 沉积学报, 23(2): 268-274.

谢丽, 张振克. 2015. 长江北支口门圆陀角附近潮滩沉积物重金属来源及污染评价. 地理科学, 35(3): 380-386.

谢又予. 1984. 中国石英砂表面结构特征图谱. 北京: 中国海洋出版社.

谢远云, 何葵, 周嘉, 等. 2006. 哈尔滨沙尘暴的化学特征及其物质源探讨. 地理研究, 25(2): 255-261.

忻丁豪, 任松, 夏金林. 2009. 江苏启东嘴邻近海域生态环境现状的质量评价与分析. 海洋环境科学, 28(1): 28-30.

邢飞, 汪亚平, 高建华, 等. 2010. 江苏近岸海域悬沙浓度的时空分布特征. 海洋与湖沼, 41(3): 459-468.

徐方建, 李安春, 徐兆凯, 等. 2009a. 东海内陆架沉积物稀土元素地球化学特征及物源意义. 中国稀土学报, 27(4): 574-582.

徐方建, 李安春, 万世明等. 2009b. 东海内陆架陆源物质矿物组成对粒度和地球化学成分的制约. 地球科学(中国地质大学学报), 34(4): 613-622.

徐方建, 李安春, 黄敬利. 2012. 东海陆架浙-闽沿岸泥质沉积研究进展. 海洋通报, 31(1): 97-104.

徐刚. 2010. 南黄海西部陆架区底质沉积物沉积特征与物源分析. 中国海洋大学硕士论文, 41, 89.

徐刚, 刘健, 孔祥淮, 等. 2012. 南黄海西部陆架区表层沉积物稀土元素及其物源分析. 海洋地质与第四纪地质, 32(1): 11-17.

徐海根. 1990. 关于长江口北支河槽演变中的几个问题. 见: 盖广生. 海岸河口研究. 北京: 海洋出版社, 41-45.

徐华夏. 2014. 长江口圆陀角附近泥沙输移趋势、岩芯沉积物粒度特征及其环境意义. 南京大学硕士论文.

徐华夏, 张凌华, 张振克, 等. 2014. 江苏圆陀角附近砂质海滩表层沉积物分布特征和输运趋势. 海洋地质与第四纪地质, 34(2): 37-44.

徐谅慧, 李加林, 李伟芳, 等. 2014. 人类活动对海岸带资源环境的影响研究综述. 南京师大学报(自然科学版), 37(3): 124-131.

徐琳. 2008. 长江口及邻近海域表层沉积物组成和来源研究. 中国海洋大学硕士论文.

徐亚军, 杜远生, 杨江海. 2007. 沉积物物源分析研究进展. 地质科技情报, 114(03): 26-32.

许富祥. 1996. 中国近海及其邻近海域灾害性海浪的时空分布. 海洋学报, 18(2): 26-31.

许炯心. 2001. 人类活动对公元 1194 年以来黄河河口延伸速率的影响. 地理科学进展, 20: 1-9.

许炳心. 2003. 流域降水和人类活动对黄河入海泥沙通量的影响. 海洋学报, 25(5): 125-135.

许世远, 陈振楼. 1997. 中国东部潮滩沉积特征与环境功能. 云南地理环境研究, 9(2): 7-11.

许世远, 邵虚生, 洪雪晴, 等. 1984. 杭州湾北部滨岸的风暴沉积. 中国科学 B 辑, (12): 1136-1145.

杨欧, 刘苍字. 2002. 长江口北支沉积物粒径趋势及泥沙来源研究. 水利学报, (2): 79-84.

杨留法. 1997. 试论粉砂淤泥质海岸带微地貌类型的划分–以上海市崇明县东部潮滩为例. 上海师范大学学报(自然科学版). 26(3): 72-77.

杨群慧, 林振宏, 张富元, 等. 2002. 南海东部重矿物分布特征及其影响因素. 青岛海洋大学学报, 32(6): 956-964.

杨仁超, 李进步, 樊爱萍, 等. 2013. 陆源沉积岩物源分析研究进展与发展趋势. 沉积学报, 31(1): 99-107.

杨世伦. 1997. 长江三角洲潮滩季节性冲淤循环的多因子分析. 地理学报, 52(2): 123-130.

杨世伦. 2003. 海岸环境和地貌过程导论. 北京: 海洋出版社: 33, 37, 146.

杨世伦. 2004. 三峡工程对长江入海泥沙和三角洲冲淤影响的初步认识. 第八届全国海岸河口学术研讨会暨海岸河口理事会议论文摘要集.

杨世伦, 陈吉余. 1994. 试论植物在潮滩发育演变中的作用. 海洋与湖沼, 25(6): 631-635.

杨世伦, 李明. 2009. 长江入海泥沙的变化趋势与上海滩涂资源的可持续利用. 海洋学研究, 27(2): 7-15.

杨世伦, 时钟, 赵庆英. 2001a. 长江口潮沼植物对动力沉积过程的影响. 海洋学报, 23(4): 75-81.

杨世伦, 谢文辉, 朱骏. 2001b. 大河口潮滩地貌动力过程的研究—以长江口为例. 地理学与国土研究, 17(3): 4-10.

杨世伦, 徐海根. 1994. 长江口长兴、横沙岛潮滩沉积特征及其影响机制. 地理学报, 49(5): 449-456.

杨守业, 李从先. 1999a. 长江与黄河沉积物元素组成及地质背景. 海洋地质与第四纪地质, 19(2): 19-26.

杨守业, 李从先. 1999b. REE 示踪沉积物物源研究进展. 地球科学进展, 14(2): 164-167.

杨守业, 李从先. 1999c. 长江与黄河沉积物 REE 地球化学及示踪作用. 地球化学, 28(4): 374-380.

杨守业, 李从先, Jung Hoi-soo, 等. 2003a. 中韩河流沉积物微量元素地球化学研究. 海洋地质与第四纪地质, 23(2): 19-24.

杨守业, 李从先, Lee C B, 等. 2003b. 黄海周边河流的稀土元素地球化学及沉积物物源示踪. 科学通报, 48(11): 1233-1236.

杨守业, 杨从先. 1999. 元素地球化学特征的多元统计方法研究: 长江与黄河沉积物元素地球化学研究. 矿物岩石, 19(1): 63-67.

杨惟理, 毛雪瑛, 戴雄新, 等. 2001. 北极阿拉斯加巴罗 Elson 泻湖 96-7-1 岩芯中稀土元素的特征及其环境意义. 极地研究, 13(2): 91-106.

杨从笑, 赵澄林, 1996. 石榴石电子探针分析在物源研究中的应用. 沉积学报, 14(1): 162-166.

尹延鸿. 2009. 曹妃甸浅滩潮道保护意义及曹妃甸新老填海规划对比分析. 现代地质, 23(2): 100-109.

尹延鸿, 褚宏宪, 李绍全, 等. 2011. 曹妃甸填海工程阻断浅滩潮道初期老龙沟深槽的地形变化. 海洋地质前沿, 27(5): 1-6.

恽才兴, 蔡孟裔, 王宝全. 1981. 利用卫星像片分析长江入海悬浮泥沙扩散问题. 海洋与湖沼, (12): 391-401.

虞志英, 张勇, 金谬. 1994. 江苏北部开敞淤泥质海岸的侵蚀过程及防护. 地理学报, 49(2): 149-157.

袁红伟, 李守中, 郑怀舟, 等. 2009. 外来种互花米草对中国海滨湿地生态系统的影响评价及对策. 海洋通报, 28(6): 122-127.

袁雄雷, 张建国. 2003. 启东市开发沿海滩涂的思考. 海洋开发与管理, (3): 69-73.

张长清, 曹华. 1998. 长江口北支河床演变趋势探析. 人民长江, 29(2): 32-34.

张风艳, 孟翊. 2011. 长江口北支表层沉积物重矿物分布和磁学特征. 海洋地质与第四纪地质, 31(1): 31-41.

张杰, 沈芳, 刘志国. 2007. 长江口潮滩湿地植被光谱分析与遥感检测. 华东师范大学学报(自然科学版), (4): 42-48.

张金善, 孔俊, 章卫胜, 等. 2008. 长江河口动力与风暴潮相互作用研究. 水利水运工程学报, (4): 1-7.

张静怡, 黄志良, 胡震云. 2007a. 围涂对长江口北支河势影响分析. 海洋工程, 25(2): 72-77.

张静怡, 胡震云, 黄志良. 2007b. 近年长江口北支涌潮变化及其成因分析. 水科学进展, 18(5): 724-729.

张光威, 杨子赓, 王圣沽. 1996. 南黄海第四纪时期石英砂表面结构特征及其环境意义. 海洋地质与第四纪地质, 16(3): 37-47.

张军宏, 孟翊. 2009. 长江口北支的形成和变迁. 人民长江. 40(7): 15-17.

张忍顺. 1986. 江苏省淤泥质潮滩的潮流特征及悬移质沉积过程. 海洋与湖沼, 17(3): 235-245.

张忍顺. 1987. 潮滩沉积动力学研究概况. 黄渤海海洋, 5(2): 71-79.

张忍顺, 陆丽云, 王艳红. 2002. 江苏海岸侵蚀过程及其趋势. 地理研究, 21(4): 469-478.

张忍顺, 燕守广, 沈永明, 等. 2003. 江苏淤长型潮滩的围垦活动与盐沼植被的消长. 中国人口资源环境, 12(7): 9-15.

张忍顺, 沈永明, 陆丽云, 等. 2005. 江苏沿海互花米草 *Spartina alterniflora* 盐沼的形成过程. 海洋与湖沼, 36(4): 358-366.

张荣科, 范光. 2003. 黏土矿物 X 射线衍射相定量分析方法与实验. 铀矿地质, 19(3): 180-185.

张瑞虎. 2011. 长江口沉积物记录的全新世沉积环境和东亚夏季风演变研究. 华东师范大学学位论文, 32-25.

张霄宇, 张富元, 高爱根, 等. 2009. 稀土元素在长江口及邻近陆架表层沉积物中的分布及物源示踪研究. 中国稀土学报, 27(2): 282-288.

张燕, 潘少明, 彭补拙. 2005. 用 ^{137}Cs 计年法确定湖泊沉积物沉积速率研究进展. 地球科学进展, 20(6): 671-678.

张珍. 2011. 三峡工程对长江水位和水沙通量影响的定量估算. 华东师范大学硕士论文.

张振克, 李彦明, 孟红明, 等. 2008. 江苏圆陀角附近潮滩沉积岩心粒度变化及其环境意义. 第四纪研究, 28(4): 690-694.

张振克, 谢丽, 从宁, 等. 2010. 近期长江北支口门圆陀角附近潮滩地貌动态变化. 地理研究, 29(5): 909-916.

张志强, 蒋俊杰, 詹文欢, 等. 2010. 长江口北支河口地貌特征及演变趋势分析. 海洋测绘, 30(3): 37-40.

章伟艳, 张霄宇, 金海燕, 等. 2013. 长江口–杭州湾及其邻近海域沉积动力环境及物源分析. 地理学报, 68(5): 640-650.

赵红格, 刘池洋. 2003. 物源分析方法及研究进展. 沉积学报, 21(3): 409-415.

赵华云, 戴仕宝, 杨世伦, 等. 2007. 流域人类活动对三角洲演变影响研究进展. 海洋科学, 31(12): 83-87.

赵庆英, 杨世伦, 刘守棋. 2002. 长江三角洲的形成和演变. 上海地质, (4): 25-30.

赵全基. 1992. 中国近海黏土矿物分布模式. 海洋科学, (4): 52-54.

赵一阳, 鄢明才. 1993. 中国浅海沉积物化学元素丰度. 中国科学 B 辑, 23(10): 1084-1090.

赵一阳, 鄢明才. 1994. 中国浅海沉积物地球化学. 北京: 科学出版社.

赵一阳, 鄢明才, 李安春, 等. 2002. 中国近海沿岸泥的地球化学特征及其指示意义. 中国地质, 29(2): 181-185.

赵振华. 1997. 微量元素地球化学原理. 北京: 科学出版社.

赵志根. 2000. 不同球粒陨石平均值对稀土元素参数的影响. 标准化报道, 21(3): 15-16.

郑宗生. 2007. 长江口淤泥质潮滩高程遥感定量反演及冲淤演变分析. 华东师范大学博士论文, 12.

周开胜, 孟翊, 刘苍字, 等. 2005. 长江口北支沉积物粒度特征及其环境意义. 海洋地质动态, 21(11): 1-7.

周开胜, 孟翊, 刘苍字, 等. 2007. 长江口北支潮流沙体沉积物来源分析. 海南师范大学(自然科学版), 20(3): 277-282.

周开胜, 孟翊, 刘苍字. 2008. 长江口北支潮流沉积物磁性特征与沉积环境分析. 海洋通报, 27(5): 47-55.

周丽英, 杨凯. 2001. 上海降水百年变化趋势及其城郊的差异. 地理学报, 2001, (4): 467-476.

周良勇, 陈斌, 刘健, 等. 2009. 江苏废黄河口外夏季悬浮泥沙运动. 海洋地质与第四纪地质, (3): 21-28.

周良勇, 陈斌, 刘健, 等. 2010. 苏北废黄河口声学多普勒测流中向上分量的分析. 海洋地质动态, (1): 16-20.

朱大奎, 柯贤坤, 高抒. 1986. 江苏海岸潮滩沉积的研究. 黄渤海海洋, 4(3): 19-27.

朱高儒, 许学工. 2011. 填海造陆的环境效应研究进展. 生态环境学报, 20(4): 761-766.

朱建荣, 吴辉, 顾玉亮. 2011. 长江河口北支倒灌盐通量数值分析. 海洋学研究, 29(3): 1-7.

朱赖民, 杜俊民, 张远辉, 等. 2006. 南黄海中部 E2 柱样沉积物来源的稀土元素及微量元素示踪. 环境科学学报, 26(3): 495-500.

诸裕良, 严以新, 薛鸿超. 1998a. 南黄海辐射沙洲形成发育水动力机制研究. 中国科学 D 辑: 地球科学, 28(5): 403-410.

诸裕良, 严以新, 薛鸿超. 1998b. 黄海辐射沙洲形成发育潮流数学模型. 水动力学研究与进展, 13(4): 473-480.

Abd-El Monsef H, Smith S E, Darwish K. 2015. Impacts of the Aswan High Dam after 50 years. Water Resources Management, 29(6): 1873-1885.

Allen J R L. 1982. Mud drapes in sand-wave deposits: a physical model with application to the Folke stone beds(Early Cretaceous, Southeast England). Philosophical Transactions of the Royal Society of London. Series A, Mathematical and Physical Sciences(1982): 291-345.

Allen J R L. 1989. Evolution of salt-marsh cliffs in muddy and sandy systems: a qualitative comparison of British west: coast estuaries. Earth Surface Processes and Landforms, 14(1): 85-92.

Allen J R L. 2000. Morphodynamics of Holocene salt marshes: a review sketch from the Atlantic and Southern North Sea coasts of Europe. Quaternary Science Reviews, 19: 1155-1231.

Amos C L. 1980. Physical Processes and sedimentation in the Bay of Fundy In: MeCann, S B(ed.), Sedimentary Processes and Animal–Sedimeni Relationships in Tidal Environments. Geol. Assoe. Canada, Short Course Notes, l: 95-132.

Barusseau J P, Ba M, Descamps C, et al. 1998. Morphological and sedimentological changes in Senegal River esturary after the construction of the Diama dam. Journal of African Earth Sciences, 26(2): 317-326.

Bassoullet P, Hir P L, Gouleau D, et al. 2000. Sediment transport over an intertidal mudflat: field investigations and estimation of fluxes within the "Baie de Marenngres-Oleron" (France). Continental Shelf Research, 20(12-13): 1635-1653.

Belfiore S. 2003. The growth of integrated coastal management and the role of indicators in integrated coastal management: introduction to the special issue. Ocean & Coastal Management, 46(3-4): 225-234.

Black K S. 1999. Suspended sediment dynamics and bed erosion in the high shore mudflat region of the Humber Estuary U K. Marine Pollution Bulletin 37: 122-133.

Blott S J, Pye K. 2001. GRADISTAT: a grain size distribution and statistics package for the analysis of unconsolidated sediments. Earth Surface Processes and Landforms, 26(11): 1237-1248.

Blum M D, Roberts H H. 2009. Drowning of the Mississippi Delta due to insufficient sediment supply and global sea-level rise. Nature Geoscience, 2(7): 488-491.

Boulay S, Colin C, Trentesaux A, et al. 2003. Mineralogy and Sedimentology of Pleistocene sediment in the South China Sea(ODP Site 1144). Proceedings of the Ocean Drilling Program, Scientific Results, 184(211).

Callaway J C, Delaune R D, Patrick W H. 1996. Chernobyl Cs-137 used to determine sediment accretion rates at selected north European coastal wetlands. Limnology and Oceanography, 41(3): 444-450.

Cambray R S, Cawse P A, Garland J A, et al. 1987. Observations on radioactivity from the Chernoby accident. Nuclear Energy, 26(2): 77-101.

Chapman V J. 1960. Salt marshes and salt deserts of the world. Leonard Hill, London and New York, 213-214.

Chen Z Y, Stanley D J. 1993. Yangtze delta, eastern China: 2. Late Quaternary subsidence and deformation. Marine Geology, 112(1-4): 13-21.

Chen J Y, Li D J, Chen B L, et al. 1999. The processes of dynamic sedimentation in the Changjiang Estuary. Journal of Sea Research, 41(1-2): 129-140.

Chen Z, Song B P, Wang Z H, et al. 2000. Late quaternary evolution of the sub-aqeous Yangtze Delta: stratigraphy, sedimentation, palynoligy, and deformation. Marine Geology, 162(2-4): 423-441.

Cho Y G, Lee C B, Choi M S. 1999. Geochemistry of surface sediments off the southern and western coasts of Korea. Marine Geology, 159(1-4): 111-129.

Dai Z J, Chu A, Stive M J F, et al, 2011a. Is the Three Georges Dam the cause behind the 2006 extreme low suspended sediment discharge into the Yangtze(Changjiang)estuary? Hydrological Sciences Journal, 56(7): 1280-1288.

Dai Z J, Du J Z, Chu A, et al. 2011b. Sediment characteristics in the North Branch of the Yangtze Estuary based on radioisotope tracers. Environmental Earth Sciences, 62(8): 1629-11634.

Dai Z J, Liu J T. 2013. Impacts of large dams on downstream fluvial sedimentation: an example of the Three Gorges Dam(TGD)on the Changjiang(Yangtze River). Journal of Hydrology, 480(1): 10-18.

Darby D D, Tsang Y U. 1987. Variation in ilmenite element composition within and among drainage basins: implication for provenance. Journal Sediment Petrol, 57: 831-838.

Davis R A. 1985. Coastal sedimentary enviroments. New York, 187-219.

Dean R G, Chen R, Browder A E. 1997. Full scale monitoring study of a submerged breakwater, Palm Beach, Florida, USA. Coastal Engineering, 29(3-4): 291-315.

Dena W E, Gardner J V, Piper D Z. 1997. Inorganic geochemical indicators of glacial-interglacial changes in productivity and anoxia on the California continental margin. Geochimica et Cosmochimica Acta, 61(21): 4507-518.

Diaz R J, Rosenberg R. 2008. Spreading Dead Zones and Consequences for Marine Ecosystems. Science, 321(5891): 926-929.

Dou Y G, Yang S Y, Liu Z F, et al. 2010. Clay mineral evolution in the central Okinawa Trough since 28 ka: Implications for sediment provenance and paleoenvironmental change. Palaeogeography, Palaeoclimatology, Palaeoecogy, 288(3-4): 108-117.

Dyer K R, Christie M C, Feates N, et al. 2000. An Investigation into Processes Influencing the Morphodynamics of an Intertidal Mudflat, the Dollard Estuary, The Netherlands: I. Hydrodynamics and Suspended Sediment. Estuarine, Coastal and Shelf Science, 50(5): 607-625.

Dymond J. 1984. Ferromangancese nodules from MNAOP sites, H, S and R-control of mineralogical and chemical composition by multiple accretionary processes. Geochemica et Cosmmochim Acta, 48(5): 931-949.

Fanos A M. 1995. The impact of human activities on the erosion and accretion of the Nile Delta coast. Journal of Coastal Research, 11(3): 821-833.

Fassetta G A. 2003. River Channel changes in the Rhone Delta(France)since the end of the Little Ice

Age: geomorphological adjustment to hydroclimatic change and natural resource management. Catena, 51(2): 141-172.

Folk R L, Ward W C. 1957. Brazos River bar: a study in the signification of grain size parameters. Journal of Sedimentary Petrology, (27): 3-27.

French J R, Reed D J. 2001. Physical contexts for saltmarsh conservation. In: Warren, A, French J R(Eds). Conservation and the Physical Environment, John Wiley & Sons: Chichester: 179-228.

Friedman GM, Sanders JE. 1978. Principles of sedimentology. Wiley: New York.

Ghoneim E, Mashaly J, Gamble D, et al. 2015. Nile Delta exhibited a spatial reversal in the rates of shoreline retreat on the Rosetta promontory comparing pre-and post-beach protection. Geomorphology, 228(1): 1-14.

Gingele F X, Dekker P D, Hillenbrand C D. 2001a. Clay mineral distribution in surface sediments between Indonesia and NW Australia: Source and Transport by ocean current. Marine Geology, 179(4): 135-146.

Gingele F X, Dekker P D, Hillenbrand C D. 2001b. Late quaternary fluctuations of the Leeuwin Current and palaeoclimates on the adjacent land masses: clay mineral evidence. Australian Journal of Earth Sciences, 48(6): 867-874.

Girty G H, Hanson A D, Knaack C, et al. 1994. Provenance determined by REE, Th, and Sc analyses of metasedimentary rocks, Boyden cave roof pendant, central sierra Nevada, California. Journal of sedimentary Research, 64(1): 68-73.

Griffin J J, Windom H, Goldberg E D. 1968. The distribution of clay minerals in the World Ocean. Deep Sea Research and Oceanographic Abstracts, 15(4): 433-459.

Grigsby J D. 1992. Chemical fingers printing in detrital ilmenite: A viable alternative in provenance research. Journal Sediment Petrol, 62: 331-337.

Guillén J, Palanques A. 1997. A historical perspective of the morphological evolution in the lower Ebro river. Environmental Geology, 30(3-4): 174-180.

Guo H P, Jiao J J. 2007. Impact of coastal land reclamation on ground water level and the sea water interface. Ground Water, 45(3): 362-367.

Halpern B S, Walbridge S, Selkoe K A, et al. 2008. A global map of human impact on marine ecosystems. Science, 319(5865): 948-952.

Han Q, Huang X, Shi P, et al. 2006. Coastal wetland in South China: degradation trends, causes and protection countermeasures. Chinese science bulletin, 51(2), 121-128.

Hannigan R, Dorval E, Jones C. 2010. The rare earth element chemistry of estuarine surface sediments in the Chesapeake Bay. Chemical Geology, 272(1-4): 20-30.

Hansom J D. 2001. Coastal sensitivity to environmental change: A view from the beach. Catena, 42(2-4): 291-305.

Hassen M B. 2001. Spatial and temporal variability in nutrients and suspended material processing in the Fier d'Ars Bay(France). Estuarine, Coastal and Shelf Science, 52(4): 457-469.

Heath G R. 1977. Genesis and transformation of metalliferous sediments from the East Pacific Rise.

Geol. Soc. Amer. Bull, 88: 723-733.

Hemming S R, Biscaye P E, Broecker W S, et al. 1998. Provenance change couple with increased clay flux during deglacial times in the western equatorial Atlantic. Palaeogeography, Palaeoclimatology, Palaeoecology, 142(3-4): 217-230.

Hir P L, Roberts W, Cazaillet O, et al. 2000. Characterization of intertidal flat hydrodynamics. Continental Shelf Research, 20(12-13): 1433-1459.

Hirose K, Igarashi Y, Aoyama M. 2008. Analysis of the 50-year records of the atmospheric deposition of long-lived radionuclides in Japan. Applied Radiation and Isotopes, 66(11): 1675-1678.

Hori K, Saito Y, Zhao Q H, et al. 2001. Sedimentary faces of the tide-dominated paleo-Changjiang (Yangtze) estuary during the last transgression. Marine Geology, 2001, 177(3-4): 331-351.

Ishiga H, Nakamura T, Sampei Y, et al. 2000. Geochemical record of the Holocene Jomon transgression and human activity in coastal lagoon sediments of the San'in district, S W Japan. Global and Planetary Change, 25(3): 223-237.

Jacobs M B, Hays J D. 1972. Paleo-climatic events indicated by mineralogical changes in deep-sea sediments. Journal of Sedimentary Research. , 42(4): 889-898.

Jay D A, Simenstad C A. 1996. Downstream effects of water withdrawal in a small, high-gradient basin: erosion and deposition on the Skokomish River Delta. Estuaries, 19(3): 501-517.

Jiang F, Zhou X, Li A, et al. 2009. Quantitatively distinguishing sediments from the Yangtze River and the Yellow River using δEuN-ΣREEs plot. Science in China(Series D): Earth Sciences, 52(2), 232-241.

Kang J W. 1999. Changes in tidal characteristics as a result of the construction of sea-dike/sea-walls in the Mokpo Coastal Zone in Korea. Estuarine, Coastal and Shelf Science, 48(4), 429-438.

Kapsimalis V, Poulos S, Karageorgis A P, et al. 2005. Recent evolution of a Mediterranean deltaic coastal zone: human impacts on the Inner Thermaikos Gulf, NWAegean Sea. Journal of the Geological Society, 162: 897-908.

Klein G V. 1977. Tidal circulation model for deposition of clastic sediments in epeiric and mioclinal shelf seas. Sedimentary Geology, 18(1): 1-12.

Kong D X, C Miao, Borthwick AA G L, et al. 2015. Evolution of the Yellow River Delta and its relationship with runoff and sediment load from 1983 to 2011. Journal of Hydrology, 520: 157-167.

Krishnaswamy S, Lal D, Martin J M, et al. 1971. Geochronology of lake sediments . Earth and Planetary Science Letters, 1971, 11(1): 407-414.

Lee H J, Ryu S O. 2008. Changes in topography and surface sediments by the Saemangeum dyke in an estuarine complex, west coast of Korea. Continental Shelf Research, 28(9): 1177-1189.

Lee H J, Chu Y S, Park Y A. 1999. Sedimentary processes of fine-grained material and the effect of seawall construction in the Daeho macrotidal flat-nearshore area, northern west coast of Korea. Marine Geology, 157(3-4): 171-184.

Leinen M. 1987. The origin of palaecochemical signature in north pacific pelagic clays: parting experiments. Geochemical et Cosmochimica Acta, 51(2): 305-319.

Li C X, Zhang J Q, Fang D D, et al. 2001. Holocene regression and the tidal radial sand ridge system formation in the Jiangsu coastal zone, East China. Marine Geology, 173(1): 97-120.

Li C X, Wang P, Sun H P, et al. 2002. Late quaternary incised-valley fill of the Yangtze delta(China): Its stratigraphic framework and evolution. Sedimentary Geology, 152(1-2): 133-158.

Li S H, Yun C X. 2006. Coastal current systems and the movement and expansion of suspended sediment from Changjiang River Estuary. Marine Science Bulletin, 8(1): 22-33.

Li Z H, Gao S, Chen S L, et al. 2006a. Grain size distribution patterns of suspended sediment inresponse to hydrodynamics on the Dafeng intertidal flats, Jiangsu, China. Acta Oceanologica Sinica, 2006, 25(6): 63-77.

Liu J G, Chen M H. 2010. Clay mineral distribution in surface sediments of the South China Sea and its significance for in sediment sources and transport. Chinese Journal of Oceanology and Limnology, 28(2): 407-415.

Liu J, Saito Y, Kong X, et al. 2009. Geochemical characteristics of sediment as indicators of post-glacial environmental changes off the Shandong Peninsula in the Yellow Sea. Continental Shelf Research, 29(7): 846-855.

Liu Z F, Colin C. 2010. Clay mineral distribution in surface sediments of the northeastern South China Sea and surrounding fluvial drainage basins: Source and transport. Marine Geology, 277(1-4): 48-60.

Liu Z F, Colin C, Huang W. 2007. Climatic and tectonic controls on weathering in south China and Indochina Peninsula: Clay mineralogical and geochemical investigations from the Pearl, Rad, and Mekong drainage basins. Geochemistry, Geophysics, Geosystems, 8(5): 1-18.

Ly C K. 1980. The role of the Akosombo Dam on the Volta River in causing coastal erosion in central and eastern Ghana(West Africa). Marine Geology, 37(3), 323-332.

Masuda A, Nakamura N, Tanaka T. 1973. Fine structures of mutually normalized rare-earth patterns of chondrites. Geochimica et Cosmochimica Acta, 37(2): 239-248.

Mccall P L, Robbins J A, Matisoff G. 1984. 137Cs and 210Pb transport and geochronobgies in urbanized reservoir with rapidly increasing sedimentation rates. Chemical Geology, 1984, 44: 33-65.

McCully P. 1996. Rivers no more: the environmental effects of dams. Zed Books, 29-64.

McManus J. 1988. Grain size determination and interpretation. In: Techniques in Sedimentology, 408.

Mikhailov V N, Povalishikova E S, Zudilina S V, et al. 2001. Long-term water level variations in the Eastern Sea of Azov and in the mouth reach of the Don River. Water Resources, 128(6): 587-595.

Mikhailova M V. 2003. Transformation of the Ebro River Delta under the impact of intense human-induced reduction of sediment runoff. Water Resources, 30(4): 370-378.

Minai Y. 1992. Geochemistry of rare earth element and other trace element in sediments from sites 798 and 799, Japan Sea, Proceeding of the Ocean Drilling Program, Scientific Results, 127-128.

Moller I, Spencer T, French J R, et al. 1999. Wave transformation over salt marshes: A field and numerical modeling study from North Norfolk, England. Estuary Coastal and Shelf Science, 49: 411-426.

Moller I, Spencer T, French J R, et al. 2001. The sea-defense value of salt marshes: field evidence from North Norfolk. In: Chart J. Water and environment management, 15, 109-116.

Morton B, Blackmore G. 2001. South China Sea. Marine Pollution Bulletin, 42(12): 123-126.

Nicholls R J, Cazenave A. 2010. Sea-level rise and its impact on coastal zones. Science, 328(5985): 1517-1520.

Ojala E, Louekari S. 2002. The merging of human activity and natural change: Temporal and spatial scales of ecological change in the Kokemaenjoki River Delta, SW Finland. Landscape and Urban Planning, 61(2-4): 83098.

Owen M R. 1987. Hafnium content of detrital zircons, a new tool for provenance study. Journal Sediment Petrol, 57: 824-830.

Panin N, Jipa D. 2002. Danube River sediment input and its interaction with the North-western Black Sea. Estuarine, Coastal and Shelf Science, 54(2): 551-562.

Park B K, Han S J. 1984. The distribution of clay minerals in recent sediments of the Korea Strait. Sedimentary Geology, 41(2-4): 173-184.

Peng B R, Hong H S, Hong J M, et al. 2005. Ecological damage appraisal of sea reclamation and its application to the establishment of usage charge standard for filled seas: Case study of Xiamen, China. Environmental Informatics, Proceedings, 153-165.

Pethick J. 2001. Coastal management and sealevel rise. Catena, 42(2-4): 307-322.

Pethick J. 2002. Estuarine and Tidal Wetland Restoration in the United Kingdom: Policy versus Practice. Restoration Ecology, 10(3): 431-437.

Petschick R, Kuhn G, Gingele F. 1996. Clay mineral distribution in surface sediments of the South Atlantic: sources, transport, and relation to oceanography. Marine Geology, 130(3-4): 203-229.

Postma H. 1954. Hydrography of the Dutch Wadden Sea. Arch Neerl Zool, (10): 405-511.

Reineck H E, Singh I B. 1980. Tidal flats. Depositional Sedimentary Environments, Springer Study Edition, 430-456.

Renner. 1993. A Constrained least-squares Subroutine for adjusting negative estimated concentrations to zero. Computer and Geosciences, 19(9): 1351-1360.

Ridderinkhof, Ham R V D. 2000. Temporal variations in concentration and transport of suspended sediments in a channel-flat system in the Ems-Dollard estuary. Continental Shelf Research, 20(12-13): 1479-1493.

Ritchie J C, McHenry J R. 1990. Application of radioactive fallout cesium-137 for measuring soil erosion and sediment accumulation rates and patterns: A review. Journal of Environmental Quality, 19: 215-233.

Rowan J S, Higgitt D L, Walling D E. 1993. Incorporation of Chernobyl - derived radio caesium into reservoir sedimentary sequences. Mcmanus J, Duck R W. Geomorphology and Sedimentology of Lakes and Reservoirs. Chichester: Wiley, 1993: 55-71.

Rroberts W, Hirand P L, Whitehouse R J S. 2000. Investigation using simple mathematical models of the effect of tidal currents and waves on the profile shape of intertidal mudflats. Continental shelf research, 20(11): 1079-1097.

Ryu J, Khim J S, Choi J W, et al. 2011. Environmentally associated spatial changes of a macrozoobenthic community in the Saemangeum tidal flat, Korea. Journal of Sea Research, 65(4): 390-400.

Sato S, Kanazawa T. 2004. Faunal change of bivalves in Ariake Sea after the construction of the dike for reclamation in Isahaya Bay, Western Kyushu, Japan. Fossils(Tokyo), 76: 90-99.

Shepard F P. 1954. Nomenclature based on sand-silt-clay ratios. Journal of Sedimentary Geology, 24(3): 151-158.

Setti M, Marinoni L, López-Galindo A, et al. 2004. Mineralogical and geochemical characteristics(major, minor, trace elements and REE)of detrital and authigenic clay minerals in a Cenozoic sequence from Ross Sea, Antarctica. Clay Minerals, 39(4): 405-421.

Sinha R, Bhattacharjee P S, Sangode S J, et al. 2007. Valley and interfluve sediments in the Southern Ganga plains, India: Exploring facies and magnetic signatures. Sedimentary Geology, 201(3-4): 386-411.

Skempton A W. 1995. West Tilbury Marsh. In: Bridgland D R, Allen P, Haggart B A(Eds.), The Quaternary of the Lower Reaches of the Thames. Quaternary Research Association, London, 323-328.

Stanley D J, Chen Z Y. 1993. Yangtze delta, eastern China: 1. Geometry and subsidence of Holocene depocenter. Marine Geology, 112(1-4): 1-11.

Stanley D J, Warne A G. 1993. Nile Delta: recent geological evolution and human impact. Science, 260(5108): 628-634.

Stefano A D, Pietro R D, Monaco C, et al. 2013. Anthropogenic influence on coastal evolution: a case history from the Catania Gulf shoreline, eastern Sicily, Italy. Ocean & Coastal Management, 80: 133-148.

Stumpe R P. 1983. The processes of sedimentation on the surface of a saltmarsh. Estuarine, Coastal and Shelf Science, 17(5): 495-508.

Suseno H and Prihatiningsih W R. 2014. Monitoring ^{137}Cs and ^{134}Cs at marine coasts in Indonesia between 2011 and 2013. Marine pollution bulletin, 88(1): 319-324.

Syvitski J P M. 2003. Supply and flux of sediment along hydrological pathways: research for the 21st century. Global and Planetary Change, 39(1-2): 1-11.

Syvitski J P M, Vörösmarty C J, Kettner A J, et al. 2005. Impact of humans on the flux of terrestrial sediment to the global coastal ocean. Science, 308(5720): 376-380.

Tamburini F, Adatte T, Föllmi K, et al. 2003. Investigating the history of East Asian monsoon and climate during the last glacial-interglacial period(0–140 000 years): mineralogy and geochemistry of ODP Sites 1143 and 1144, South China Sea. Marine Geology, 201(1-3): 147-168.

Taylor S R, McLennan S M. 1985. The continental crust: its composition and evolution, an examination of the geochemical record preserved in sedimentary rocks. Oxford: Blackwell Scientific Publication.

Thiry M. 2000. Palaeo climatic interpretation of clay minerals in marine deposits: an outlook from the continental origin. Earth Science Reviews, 49: 201-221.

Thomalla F, Vincent C E. 2003. Beach response to shore-parallel breakwaters at Sea Palling, Norfolk, UK. Estuarine Coastal and Shelf Science, 56(2): 203-212.

Tsabaris C, Eleftheriou G, Kapsimalis V. 2007. Radioactivity levels of recent sediments in the Butrint Lagoon and the adjacent coast of Albania. Applied Radiation and Isotopes, 65(4): 445-453.

Tsabaris C, Kapsimalis V, Eleftheriou G. 2012. Determination of ^{137}Cs activities in surface sediments and derived sediment accumulation rates in Thessaloniki Gulf, Greece. Environmental Earth Sciences, 67(3): 833-843.

Udden J A. 1954. Mechanical composition of clastic sediments. Bulletin of the Geological Society of America 25: 655-744.

Uncles R J, Stephens J A. 2000. Observations of currents, salinity, turbidity and intertidal mudflat characteristics and properties in the Tavy Estuary, UK. Continental Shelf Research, 20(12-13): 1531-1549.

Vranken M, Oenema O, Mulder J. 1990. Effects of tidal range alterations on salt-marsh sediments in the eastern Scheldt. In: Netherlands S W, McLusky D S, de Jonge V N, Pomfret J(Eds.), North Sea-Estuaries Interactions. Kluwer, Dordrecht, 13-20.

Walling D E. 2006. Human impact on land-ocean sediment transfer by the world's rivers. Geomorphology, 79(3-4): 192-216.

Walling D E, Fang D, 2003. Recent trends in the suspended sediment loads of the world's rivers. Global and Planetyar Change, 39(1-2): 111-126.

Walton T L. 2002. Even odd analysis on a complex shoreline. Ocean Engineering, 29(6): 711-719.

Wan Y Y, Gu F F, Wu H L, et al. 2014. Hydrodynamic evolutions at the Yangtze Estuary from 1998 to 2009. Applied Ocean Research, 47(8): 291-302.

Wang Y. 1983. The mudflat coast of China. Canadian Journal of Fisheries and Aquatic Sciences, 40(1): 160-171.

Wang Y P, Gao Shu, Jia Jian jun. 2006. High resolution data collection for analysis of sediment dynamic processes associated with combined current wave action over inter tidal flats. Chinese Science Bulletin, 51(7): 866-877.

Wang Y P, Gao S, Jia J J, et al. 2012. Sediment transport over an accretional intertidal flat with influences of reclamation, Jiangsu coast, China. Marine Geology, 291-294(1): 147-161.

Wentworth C K. 1922. A scale of grade and class terms for clastic sediments. Journal of Geology 30:

377-392.

Whitehouse R J S, Bassoullte P, Dyer K R, et al. 2000. The influence of bedforms on flow and sediment transport over intertidal mudflats. Continental Shelf Research, 20(10-11): 1099-1124.

Wise S M. 1980. Caesium-137 and lead-210: A review of techniques and some applications in geomorphology. In Culllingford R A, et al. Timescales in geomorphology. John Wiley & Sons, New York, 109-127.

Wolanski E, De'ath G. 2005. Predicting the impact of present and future human land-use on the Great Barrier Reef. Estuarine, Coastal and Shelf Science, 64(2-3): 504-508.

Wood A K H, Ahmad Z, Shazili N A M, et al. 1997. Geochemistry of sediments in Johor Strait between Malaysia and Singapore. Continental Shelf Research, 17(10): 1207-1228.

Wu Hui, Zhu J R, Chen B R, et al. 2006. Quantitative relationship of runoff and tide to saltwater spilling over from the North Branch in the Changjiang Esturary: A numerical study. Estuarine, Coastal and Shelf Science, 69: 125-132.

Wu J, Fu C, Lu F, et al. 2005. Changes in free-living nematode community structure in relation to progressive land reclamation at an intertidal marsh. Applied Soil Ecology, 29(1): 47-58.

Xie Li, Zhang Z K, Zhang Y F. 2013. Sedimentation and morphological changes at Yuantuojiao Point, estuary of the North Branch, Changjiang River. Acta Oceanologica Sinica, 32(2): 24-34.

Xu J X. 2003. Sediment flux to the sea as influenced by changing human activities and precipitation: example of the Yellow River, China. Environmental Management, 31(3): 328-341.

Yang S L, Zhao Q Y, Belkin I M. 2002a. Temporal variation in the sediment load of the Yangtze River and the influences of the human activities. Journal of Hydrology, 263: 56-71.

Yang S Y, Jung H S, Choi M S, et al. 2002b. The rare earth element compositions of the Changjiang(Yangtze)and Huanghe(Yellow)river sediments. Earth and Planetary Science Letters, 201(2): 407-419.

Yang S L, Belkin I M, Belkina A I, et al. 2003a. Delta response to decline in sediment supply from the Yangtze River: Evidence of the recent four decades and expectations for the next half-century. Estuarine, Coastal and Shelf Science, 57(4): 689-699.

Yang S L, Friedrichs C T, Shi Z, et al. 2003b. Morphological response of tidal marshes, flats and channels of the outer Yangtze River mouth to amajor storm. Estuarine Research Federation, 26: 1416-1425.

Yang S L, Shi Z, Zhao H Y, et al. 2004. Effects of human activities on the Yangtze River suspended sediment flux into the estuary in the last century. Hydrology and Earth System Sciences, 8(6): 1210-1216.

Yang S L, Zhang J, Zhu J, et al. 2005. Impact of Dams on Yangtze River Sediment Supply to the Sea as well as Delta Intertidal Wetland Response. Journal of Geophysical Research(Earth surface), 110(F3): 1-12.

Yang S L, Milliman J, Li P, et al. 2011. 50, 000 dams later: erosion of the Yangtze River and its delta. Global and Planetary Change, 75(1): 14-20.

Yüksek Ö, Önsoy H, Birben A R, et al. 1995. Coastal erosion in Eastern Black Sea Region, Turkey. Coastal Engineering, 26(3): 225-239.

Zamora H A, Nelson S M, Flessa K W, et al. 2013. Post-dam sediment dynamics and processes in the Colorado River estuary: Implications for habitat restoration. Ecological Engineering, 59(10): 134-143.

Zhao Y Y, Park Y A, Qin Y S, et al. 2001. Material source for the Eastern Yellow Sea mud : evidence of mineralogy and geochemistry from China-Korea joint investigations. The Yellow Sea, 7(1): 22-26.

Zhu Y R, Chen Q Q. 2005. On the origin of the radial sand ridges in the southern yellow sea results from the modeling of the paleo-radial tidal current fields off the paleo2Yangtze River estuary and northern Jiangsu coast. Journal of Coastal Research, 21(6): 1245-1256.

后　记

　　开展潮滩沉积研究，不仅对解释环境演变具有重要意义，而且与人类经济发展关系密切。潮滩，尤其是河口潮滩，海陆交互作用强烈，成为陆海相互作用最具特色的区域。长江口启东嘴潮滩地处江海交汇处，潮滩沉积对环境变化高度敏感，潮滩环境受人类活动的影响越来越强烈，是理想的研究区域。

　　本书是在笔者的博士论文的基础上补充和修改而成，是笔者读博期间在导师张振克教授的引领下，对长江口北支启东嘴潮滩在人类活动影响下的沉积特征和物质来源变化的诸多科学问题的思考和探索的总结。在分析沉积物的粒度组成、沉积速率、潮滩地貌变化的野外观测的基础上，详细阐述了潮滩沉积在自然过程和人类活动影响下的环境意义；通过分析微量元素和稀土元素的地球化学特征，以及黏土矿物的类型和组合特征，讨论了研究区潮滩沉积物的物质来源。在今后的研究中还需要对以下方面作进一步的深入分析：一方面，长江流域和长江河口人类活动急剧增加阶段是在 1970 年后，没能很好地捕捉到沉积物柱样中这一典型人类活动阶段的沉积特征。在对现代潮滩沉积物进行年代学分析，通过测定沉积物年代估算沉积速率时，只采用了放射性核素 ^{137}Cs 时标计年法，由于核素的自然衰变，原始层位的某些特征时标已难以辨认，此外 ^{137}Cs 蓄积峰不仅和大气沉降通量有关，还受到沉积环境变化的影响。今后应对沉积物进行更高分辨率的取样，同时结合多种测年手段，加强沉积物年代学分析，比如 ^{210}Pb、释光等计年手段加以补充。另一方面，在分析人类围垦开发活动对潮滩发育的影响时，只进行了粒度特征和沉积速率的分析，对沉积物物源的分析只是基于地球化学和矿物学特征，邻近区域的围垦和航道建设等工程项目会对自然状态下的水动力产生影响，并进一步影响到泥沙输移。研究区地理位置独特，海洋与河流交互作用强烈。今后还需要从沉积动力学角度进行野外现场观测，应加强如水文监测，获取水沙运动的相关数据，如悬浮泥沙浓度、涨（落）潮流的流速、流向、历时等水沙运动的现场观测。

　　衷心感谢我的导师张振克教授。张老师敏锐精湛的学术视野、严谨求实的治学风格，学养深厚的专业功底，提携后辈的宽广胸怀，学生终生受益，毕生学习的楷模。本书的框架拟定、修改和完善，无不倾注了张老师的精心指导和辛勤汗水。在此，祝愿张老师身体健康、事业顺利、阖家幸福。

　　衷心感谢中国科学院南京地理与湖泊研究所的王苏明研究员、张奇研究员，南京大学的杨达源教授、潘少明教授、高超教授、何华春博士，河海大学的丁贤荣教授，南京师范大学的杨浩教授。本书的成稿有幸得到各位专家的不吝赐教，提供了有价值的建议，在此致以诚挚的谢意！

　　衷心感谢南京大学海岸与海岛开发教育部重点实验室的潘少明老师、汪亚平老师和高建华老师、内生金属矿床成矿机制研究国家重点实验室的蔡元峰老师、杨竞红老师和刘倩老师，协助完成了沉积物粒度、黏土矿物、地球化学元素、沉积物定年等实验分析。有幸得到各位老师给予的极大帮助，在此表示衷心的感谢！

　　衷心感谢同门学友张凌华、左明星、陈影影、谢丽、张静、徐华夏、符跃鑫、任航、杨钿、任则沛、杨海飞、杨梦姣等，在导师的带领下，我们一同学习进步、相互鼓励和帮助。这份难得的友情值得珍藏和感激！

　　衷心感谢盐城师范学院陈洪全、王广飞、李传武等领导的关心指导，以及众多同事的热心帮助。你们的谆谆教诲和言传身教，时刻鞭策和提醒着我，使我不断得到进步。这份工作情谊弥足珍贵，让我们一起努力，在工作上再创辉煌，再攀高峰！

　　深深感谢我的家人。感谢父母对我的培养和教育，感谢岳父母对我的支持和鼓励。感谢我在人生际遇中美丽邂逅的、执子之手的、聪慧贤淑的、端庄大方的妻子陈艳芹女士，您无怨无悔地挑起家庭的重担，解除我的后顾之忧。儿子张斯源聪明活泼、快乐健康的成长，幼儿园与我同年入学同年毕业。你们无私的付出和默默的奉献，使我在寂寞的科研道路上，不断结出丰硕的成果，你们给予的极大支持和鼓励，永远是我的精神支柱和动力源泉，祝福你们，我敬爱的亲人。让我们在生活的风雨中，一起构筑我们温馨甜蜜、温暖幸福的港湾——家！

　　谢谢所有帮助过我的人，祝你们心想事成，工作顺利，生活美满！

张云峰

2017 年 6 月 20 日于盐城